Schicksale des Klimawandels

Schicksale des Klimawandels

Mathias Braschler
Monika Fischer

Mit Texten von Jonathan Watts

Inhalt

Schicksale des Klimawandels

Jonathan Watts

Sieben Milliarden Menschen. Ein Kohlendioxid-Ausstoß von 9 Gigatonnen pro Jahr. Eine globale Erwärmung von 0,7 Grad Celsius im vergangenen Jahrhundert.

Mit einer Flut derart erschreckender, verwirrender und befremdender Daten sehen wir uns gewöhnlich konfrontiert, wenn wir versuchen, uns die Bedrohung durch den Klimawandel vor Augen zu führen. Etwas weit Wichtigeres leisten Mathias Braschler und Monika Fischer mit diesem Buch: Sie geben der existenziellen Herausforderung, vor der unsere Spezies steht, ein Gesicht – und machen sie dadurch zu etwas Greifbarem, Persönlichem und Unmittelbarem.

Diese Sammlung von Porträts und persönlichen Geschichten ist das Ergebnis einer abenteuerlichen fotojournalistischen Weltreise, bei der die Autoren Menschen fotografiert und interviewt haben, die vom Klimawandel direkt betroffen sind. Ihre Erfahrungen dabei sind ebenso unterschiedlich wie die Landschaften. Für den Nordchinesen Chai Erquan sind es die Staubstürme und der Wüstensand, die sich unaufhaltsam seiner Felder zu bemächtigen drohen. Für Karotu Tekita ist es das Meer, das unablässig an dem südpazifischen Atoll nagt, auf dem er zu Hause ist. Für den alten Inuvialuit und Pelztierjäger Billy Jacobson ist es die zunehmende Gefahr, dass sich Löcher im schmelzenden Polareis bilden. Und für den Nomadenhirten Abdallay Abdou Hassin ist es der Geruch des Todes, der ihn und seine Familie peinigt, in der wachsenden Gluthitze, die den Tschadsee austrocknen lässt.

Die lange Reise der beiden Fotografen begann am 7. Februar 2009 in Australien, an einem der heißesten Tage, die das Land je erlebt hatte und in dessen Folge wenig später im Bundesstaat Victoria mehr als 200 Menschen bei einem Buschfeuer getötet wurden. Sie endete acht Monate später in Kanada, wo sie Inuvialuit porträtierten, denen der gefrorene Boden förmlich unter den Füßen wegschmolz, und auf Kuba, wo die Einheimischen gerade versuchten, sich ihre von einer Folge verheerender Wirbelstürme zerstörten Existenzen wieder aufzubauen, die das Land im Jahr zuvor heimgesucht hatten.

Im Laufe dieser Reise erklommen Braschler und Fischer die peruanischen Anden, um Lamahirten zu fotografieren, die wegen der Jahreszeiten-Verschiebung um ihre Existenz fürchten. Sie fuhren auf die austrocknenden Seen in der Nähe von Timbuktu hinaus, wo die Bozo-Fischer ihre einzige Einkommensquelle verlieren. Mit dem Boot ging es an den Rand des Sundarbans-Nationalparks in Bangladesch, wo die Dorfbewohner aufgrund der Überflutung der Reisfelder immer häufiger gezwungen sind, im Dschungel nach Nahrung zu suchen und so zur Beute der Tiger werden.

Für das Fotografenteam waren die Klimaporträts das letzte in einer Reihe zunehmend ambitionierter Projekte, zu denen sie durch verschiedene internationale Ereignisse angeregt wurden. Vor der Fußball-Weltmeisterschaft 2006 fotografierten sie David Beckham, Zinédine Zidane, Cristiano Ronaldo und viele andere Fußball-Stars unmittelbar nach dem Abpfiff. Vor den Olympischen Sommerspielen 2008 in Peking reisten sie sechs Monate durch China und porträtierten dort die Menschen - Bauern, Industriemagnaten, Bettler, Prostituierte und andere - in einer Zeit rasanter wirtschaftlicher Entwicklung. Was allerdings den Maßstab dieser Projekte betrifft, verlieren sie im Vergleich zu ihrem jüngsten Werk an Bedeutung.

»Wir haben beschlossen, die Sache diesmal ein bisschen komplizierter zu machen«, hatte Mathias Braschler zu Beginn der Reise, die sich über 16 Länder, sämtliche Kontinente und alle nur denkbaren Landschaftsformen erstrecken sollte - von Polarregionen und Gebirgsgletschern bis zu Überschwemmungsgebieten und Wäldern -, mit deutlichem Understatement erklärt.

In der Regel entstehen durch den Klimawandel keine neuen Wetterphänomene, sondern bereits bestehende treten mit zunehmender Häufigkeit und Intensität auf und fast immer sind auch andere Faktoren im Spiel. Dies ist jedoch nicht der einzige Grund, weshalb es so schwierig ist, über dieses Thema - sei es in Wort oder Bild - zu berichten. Für die moderne Rund-um-die-Uhr-Berichterstattung sollten die Themen möglichst griffig und actionreich sein und visuelle Schlagkraft besitzen - Kriterien, die die Erderwärmung in keinster Weise erfüllt. Die Wissenschaft dazu entwickelt sich immer weiter, die Ursache ist nicht sichtbar, und der Prozess vollzieht sich nur schleichend.

Doch ließen sich Braschler und Fischer davon nicht abschrecken: Sie waren überzeugt, mit ihrem innovativen Ansatz - einem auf acht Monate angelegten Projekt, bei dem sie mit Mittel- und Großformatkameras, Studiobeleuchtung sowie Video- und Audio-Aufzeichnungen arbeiteten - den Rahmen der konventionellen Medien sprengen zu können.

Ich stieß in Thailand zu den beiden, und am heißesten Tag des Jahres jagten wir in Long-Tail-Booten durch Mangrovensümpfe. »Bisher dachten wir, mit 35 Grad Celsius sei die Höchstgrenze der Sommerhitze erreicht, doch jetzt ist es oft über 40 Grad«, bemerkte unser Führer auf dem Weg nach Khun Samut, einem armen Fischerdorf in der Nähe von Bangkok, das einen aussichtslosen Kampf gegen die Elemente führt.

In dem Feuchtgebiet wimmelte es von wilden Tieren - Schlammspringer glitten über die Fischteiche, Reiher saßen auf den Geländern vor den strohgedeckten Hütten, und am trüben, grauen Himmel zogen Kraniche ihre Bahnen. Doch ist die Natur mit der Zeit immer unwirtlicher geworden. Der plötzliche Temperaturanstieg hat die Schalentier-Zuchten und die Erträge der Fischer dezimiert.

»Früher folgte das Klima einem natürlichen Kreislauf. Aber jetzt sind die Sturmphasen durcheinandergeraten, und die Regenperioden kommen nicht zur richtigen Jahreszeit«, erklärte uns die Fischerin Wanee Mainuam - eine Klage, die wir im Laufe unserer Reise immer wieder hören sollten.

Eine der akutesten Folgen des Klimawandels ist die Zunahme von extremen Wetterereignissen wie

Dürren, Überschwemmungen und Taifunen. Für einige der von Braschler und Fischer porträtierten Menschen – etwa die italienischen Landwirte, die Teile ihrer Ernte durch extreme Hagelstürme einbüßten, bei denen scharfkantige Hagelkörner herniederprasselten, die Vögel töteten und Pflanzen vernichteten – war dies lediglich eine mit finanziellen Einbußen verbundene Unannehmlichkeit. Für Menschen, die in weniger gesicherten Verhältnissen leben, kann ein derartiges Wetterextrem bittere Armut, ja sogar den Tod bedeuten. Das erlebten die beiden Fotografen in Indien, wo bislang nie dagewesene Sturzfluten in den Bergen von Ladakh Häuser und Felder verwüsteten, oder in Bangladesch, wo das bei Stürmen eindringende Salzwasser zahllose Menschen aus dem Delta in die Slums von Dhaka trieb, und in der Nähe des Tschadsees, wo lange Dürreperioden zur Austrocknung des Sees, zum Verlust ganzer Viehherden und zu einer erhöhten Sterblichkeit durch Nahrungsmangel und verschmutztes Wasser geführt hatten.

Um die Geschichten der von ihnen porträtierten Menschen wiedergeben zu können, mussten Braschler und Fischer einige Unannehmlichkeiten erleiden – bakterielle Infektionen, Autopannen, Spinnenbisse, Moskitoschwärme, Höhenkrankheit, Wüstenhitze und arktische Kälte. Doch war die Skepsis das vielleicht größte Hindernis, auf das sie stießen.

Zwar bestreitet die große Mehrheit der Regierungen und Klimatologen dieser Welt nicht, dass es einen anthropogenen Klimawandel gibt, doch steht dabei so viel auf dem Spiel, dass das Thema nach wie vor Gegenstand einer heftigen Debatte ist, die mit geradezu religiösem Eifer geführt wird – und mit Hilfe der Dollarmilliarden der Brennstoffindustrie. In manchen Gegenden wird die globale Erwärmung für jedes Problem verantwortlich gemacht, in anderen wird sie negiert oder gar als Segen empfunden. Am augenfälligsten war dies in den Weiten Sibiriens, gehen doch in Jakutsk, der Hauptstadt der russischen Republik Sacha (Jakutien) und weltweit größten auf Permafrost errichteten Stadt, die Meinungen darüber, ob die Erderwärmung als Fluch oder Segen zu betrachten sei, auseinander.

Wir kamen kurz nach der Sommersonnenwende mit einer alten Tupolew dort an, zur Zeit der sogenannten weißen Nächte, in denen die Sonne in der unmittelbar südlich des nördlichen Polarkreises gelegenen Stadt nur für kurze Zeit untergeht. Jakutien ist ein Land der Extreme. Im Winter kann die Quecksilbersäule auf unter minus 65 Grad Celsius fallen, im Sommer klettert sie auf über 30 Grad. In den letzten Jahren wurden die Winter allerdings kürzer und wärmer. Seit den 1960er-Jahren sind die Temperaturen um mehr als 2 Grad gestiegen – ein Temperaturanstieg, wie er sonst fast nirgends auf der Welt zu verzeichnen war. Berichte aus der Region lassen vermuten, dass die dicke Permafrost-Schicht schmilzt, auf der die Stadt erbaut wurde.

Dennoch beharrten die Wissenschaftler am Permafrost-Institut – unserer ersten Station in Jakutsk – darauf, dass die Veränderung minimal sei. Michail Grigorjew, der stellvertretende Leiter des Instituts, mutmaßte, dass der Temperaturanstieg Teil eines natürlichen Klimazyklus sei und nur geringe Auswirkungen auf die 70 Meter dicke unterirdische Eisschicht habe. Zum Beweis ging er mit uns unter die Erde, um uns die nur ein paar Meter unter der Erdoberfläche befindlichen Eiskammern zu zeigen. »Wir können keine dramatischen Veränderungen feststellen. Allerdings hat der Klimawandel erst vor kurzem eingesetzt und wird möglicherweise erst in der Zukunft tiefgreifende Auswirkungen zeigen«, erklärte er uns.

An anderen Stellen waren bereits Anzeichen einer Senkung des Landes – Risse und Verformungen im Straßenbelag, zur Seite geneigte Telefonmasten und mehrere Dutzend einsturzgefährdete Altbauten – zu erkennen. Die zuständigen Beamten zeigten uns Bilder der Überschwemmungen, die die Stadt, wie sie sagten, Jahr für Jahr heimsuchen und immer verheerendere Ausmaße annehmen. Umweltaktivisten berichteten uns, dass der Permafrost immer schneller schmilzt, und in der Stadt interviewten und fotografierten wir Menschen, deren Häuser kurz vor dem Einsturz standen.

»Wir haben häufig Hochwasser in diesem Haus, vor allem im Frühjahr, wenn das Eis schmilzt und das ganze Wasser ins Haus eindringt. Deshalb ist der Fußboden auch so hoch«, erklärte uns Waleri Nikolajewitsch, ein ehemaliger Kosak. In dem Haus, in dem er lebte, hatte der Boden so oft höher gelegt werden müssen, dass die Bewohner darin wie Riesen in einem Puppenhaus wirkten. »Vielleicht ist das auf den Klimawandel zurückzuführen«, mutmaßte er, ehe ihm seine Frau ins Wort fiel und unwirsch erklärte, ihre Probleme rührten nicht vom tauenden Permafrost her, sondern davon, dass das Wasser auf einer nahe gelegenen Straße nicht richtig abfließen könne.

Vielleicht haben ja beide recht. Der Geophysiker Wladimir Federow Romanowsk sagte, dass der Permafrost allmählich schmelze und in der Nähe von Straßen oder Baustellen, wo die isolierende Oberfläche aus Gras bereits beschädigt sei, die Schmelze so rasch voranschreite, dass die Gebäude Schaden nähmen. Auch gab es andere Anzeichen für den Klimawandel. Wladimir Wasiljew, der als Ökologe an der Northern Forum Academy tätig ist, berichtete uns, dass die Überflutungen durch Schmelzwasser zunähmen, die Wälder anfälliger für Krankheiten seien und sich die Weidegründe der Rentiere dezimierten. Sibirien bekam die Hitze zu spüren, wie auch viele andere Orte auf der Welt.

In den folgenden Monaten informierten mich Braschler und Fischer regelmäßig über den Fortgang ihres Projekts. In den besorgniserregenden Berichten, die allesamt aus erster Hand von den hier Porträtierten stammen, war unter anderem von einer Schrumpfung der arktischen Eisdecke, von immer verheerenderen Waldbränden und Wirbelstürmen, von Gletscherschwund und von plötzlichen, für die Jahreszeit ungewöhnlichen Temperatursprüngen die Rede.

Die Besorgnis, die viele der Gesichter widerspiegeln, ist deshalb nicht verwunderlich. Durch den Temperaturanstieg verdunstet mehr Wasser und die Atmosphäre heizt sich zunehmend auf. Dadurch wiederum wächst die Gefahr von immer schwieriger vorhersehbaren extremen Wetterereignissen. Nimmt man dann noch den verschwenderischen Umgang mit den Wasserressourcen, forstwirtschaftliches Fehlmanagement, die Verschlechterung der Böden und die Umweltverschmutzung hinzu, wird klar, dass menschliche Aktivitäten die Welt und ihr Klima verändern – in der Regel zum Schlechteren.

Die Aussagen, die Braschler und Fischer auf ihren Expeditionen zu hören bekamen, reichten von »Das Ende ist nah« bis zu »Der Klimawandel ist nichts als ein Medienhype«. In manchen Fällen diente die globale Erwärmung aus Profitgründen als zweifelhafter Vorwand, in anderen musste das Klima als allzu simple Erklärung für Umweltprobleme herhalten, die auch viel mit Bevölkerungsdruck, schlechtem Wassermanagement oder der Überindustrialisierung der Landwirtschaft zu tun haben. Doch waren die beiden Fotografen nach ihrer Reise mehr denn je davon überzeugt, dass die globale Erwärmung eine nicht zu leugnende Realität ist, die bereits heute eine wachsende Bedrohung darstellt.

»Als wir in all diesen Ländern unterwegs waren, haben wir gesehen, was der Klimawandel konkret bedeutet. Er verändert den Lebensstil, die traditionelle Lebensweise der Menschen. Schon jetzt trifft es die Armen, die Menschen, die einen subsistenten Lebensstil führen«, sagt Monika Fischer.

Die Gesellschaft spaltet nicht nur eine ökonomische, sondern auch eine klimatische Kluft. Diejenigen, die über Emissionswerte entscheiden, sind in der Regel wohlhabende Städter, die in klimatisierten Häusern leben. Die unmittelbar vom Klimawandel Betroffenen dagegen sind oft arm und einem Leben unter ökologisch schwierigen Bedingungen ausgesetzt – in der Nähe sich ausbreitender Wüsten, überschwemmter Flussufer, erodierter Küsten oder schmelzender Gletscher. Überproportional viele der Betroffenen sind Angehörige ethnischer Minderheiten.

Heute, nach Abschluss ihres abenteuerlichen Projekts, halten es die beiden Fotografen allerdings für wahrscheinlich, dass es nur eine Frage der Zeit ist, bis auch die Menschen in den Städten die Auswirkungen des Klimawandels zu spüren bekommen. »So wie wir leben, bekommen wir davon nicht so viel mit oder können uns relativ leicht anpassen. Doch ich bin mir ziemlich sicher, dass sich das ändern wird. Die Veränderungen werden sich auch in unseren Städten bemerkbar machen und sich auf unser aller Leben auswirken«, glaubt Mathias Braschler. »Das ist eine reale Bedrohung. Das ist ein wirkliches Problem. Und wir sollten unbedingt etwas dagegen unternehmen.«

Jonathan Watts ist der Umweltkorrespondent für Asien des *Guardian*.

ASIEN / RUSSLAND

Bangladesch

Indien

China

Thailand

Russland

Bangladesch

Hosnaara Khatun (22) mit ihrem Sohn Chassan (1)
Tigerwitwe
Sora, Gabura, Bangladesch

Vor einer Woche hat ein Tiger meinen Mann getötet, als er in den Sundarbans Honig sammelte. Wir haben alle geweint, als man uns die Nachricht überbrachte. Er wusste, dass es gefährlich war, aber er musste es tun, damit unsere Familie nicht verhungert. Wenn wir Reis anbauen oder Fisch züchten könnten, hätte er nicht illegal in den Nationalpark eindringen müssen. Doch wegen der Flusserosion müssen die Menschen aus dem Dorf wegziehen, um Geld zu verdienen. Wir haben Angst vor Überschwemmungen. Unser Wasser ist salziger geworden. Ich glaube, das hat etwas mit der Klimaveränderung zu tun. Unser größtes Problem ist die Armut. Das Leben hier ist sehr hart. Es reicht nicht einmal für drei Mahlzeiten am Tag. Später werden meine Kinder vielleicht auch in die Sundarbans gehen müssen, um Geld zu verdienen. Sie werden der gleichen Gefahr ausgesetzt sein wie mein Mann. Aber da wir keinen Reis und kein Gemüse mehr anbauen können, ist das die einzige Möglichkeit, um zu überleben.

Gabura gehört zu den zahlreichen Gebieten im Süden von Bangladesch, die als Folge des steigenden Meeresspiegels und häufigerer Stürme unter Überschwemmungen sowie der zunehmenden Versalzung von Flüssen und Teichen durch Meerwasser und Erosion leiden.

Bangladesch

Hamida Khatun (35) mit ihrer Tochter Fatima (10), vor ihrem zerstörten Haus
Tagelöhnerin und Überschwemmungsopfer
Saliakhali, Gabura, Bangladesch

Mein Haus wurde vor einigen Monaten vom Sturm zerstört. Durch den Zyklon ist der Flussdeich gebrochen und mein Haus wurde überflutet. Alles wurde verwüstet. Jetzt arbeite ich in Garnelenfarmen oder als Haushaltshilfe. Die Umwelt hat sich verändert. Bei Vollmond sind die Gezeitenunterschiede noch größer als früher. Der Fluss wird immer breiter. Ich mache mir große Sorgen um meine Tochter, wegen der Flusserosion und dem eindringenden Salzwasser. Wenn das so weitergeht, sieht es schlecht für sie aus.

Bangladesch

Azizul Islam (50), beim Wiederaufbau eines gebrochenen Damms
Tagelöhner
Chadnimukha, Gabura, Bangladesch

Ich bin hier, um diesen Damm wieder aufzubauen. Er bricht oft, weil der Fluss den Lehm wegträgt. Im letzten Jahr ist er zweimal gebrochen, und jedes Mal ist hier alles verwüstet. Wir haben kein Trinkwasser mehr, keine Bäume, keine Häuser. Alles haben wir an den Fluss verloren. Unsere Häuser haben wir aus Lehm gebaut. Sie stürzen ein, wenn alles überschwemmt wird, und wir müssen sie wieder aufbauen. In den letzten zwanzig Jahren hat sich sehr viel verändert. Es gibt keine Bäume, weil sie, wie der Reis, im salzigen Wasser nicht gedeihen. Als ich noch ein Kind war, war Gabura ein sehr schöner Ort, aber jetzt hat sich die Insel verändert. Heute gibt es kein Vieh, kein Gras, keine Fische mehr, die wir essen können. Das kommt daher, dass der Wasserspiegel steigt. Meerwasser überschwemmt das Land. Die Pflanzen wachsen nicht mehr. Unser grünes Land verändert seine Farbe. Ich kann hier nicht bleiben. In acht oder zehn Jahren wird Gabura im Wasser versunken sein. Deshalb ist es besser, wenn ich weggehe und meinen Lebensunterhalt anderswo verdiene.

Bangladesch

Monira Khatun (21) mit ihrem Sohn Jiaur (4)
Tagelöhnerin
Moheshora, Gabura, Bangladesch

An manchen Tagen haben wir etwas zu essen, an manchen nicht. Unsere Kinder haben Hunger. Wir wissen nicht, wie wir unseren Lebensunterhalt verdienen sollen. Vor zehn Jahren war das noch anders. Damals hatten wir keine Probleme, aber jetzt werden sie von Tag zu Tag größer. Bei Flut steigt das Wasser immer höher, die Dämme brechen, und es wird immer heißer. Es gibt häufiger Überschwemmungen. Unsere Reisfelder wurden weggespült, und den Garnelenfarmen geht es schlecht. Wir haben kein regelmäßiges Einkommen. Mein Mann ist vor einigen Monaten weggegangen. Er sagte, er werde nach Dumuria gehen, um bei der Ernte zu helfen. Er hat uns verlassen, weil er hier nichts verdienen konnte. Er war nicht in der Lage, uns zu ernähren und uns Kleider zu kaufen. Ich bekomme ab und zu einen Job auf den Salzfeldern, arbeite als Haushaltshilfe oder in der Garnelenzucht, aber ich lebe von der Hand in den Mund.

Als ich jung war, lebte es sich gut in Gabura. Die Leute bauten Reis an und Gemüse. Doch heute ist das Wasser salzig, sodass kein Gemüse und keine Bäume mehr wachsen. Das Land ist unfruchtbar geworden, und so verlegen sich die Leute auf die Garnelenzucht. Ich werde wegziehen müssen, irgendwohin, wo ich überleben kann, wo ich Arbeit finden kann, doch ich weiß nicht, wo das sein könnte.

Bangladesch

Amena Khatun (70 bis 80 Jahre alt)
Slumbewohnerin
Barkater Slum, Dhaka, Bangladesch

Seit unser Haus weggeschwemmt wurde, sind wir dreimal umgezogen. Es gab zwar Menschen, die uns aufgenommen haben, aber man kann nicht auf Dauer im Haus von anderen leben. Deshalb sind meine Tochter und ich in diesen Slum gezogen. Früher haben wir am Meghna-Fluss im Süden von Bangladesch gelebt. Meine Eltern waren wohlhabend, und ich war gut verheiratet. Doch ich habe alles verloren. Es ist Allahs Wille. Die Erosion hat die Dämme aufgeweicht, und dann stieg der Wasserpegel. Früher ging das ganz langsam, doch dann ging es immer schneller. Bäume und Häuser, alles versank im Fluss. Mangos, Jackfrüchte, alles wurde unter den Wassermassen begraben. In der ersten Zeit hier im Slum habe ich viel geweint. Auch gesundheitlich geht es mir nicht gut. Es ist heiß, und es gibt nicht genug Wasser und Toiletten. Früher lebten hier nur wenige Menschen, doch inzwischen sind es zu viele. Die meisten haben ihr Zuhause durch den Fluss verloren. Ich habe Angst um meine Tochter, meinen Sohn, meine Enkel. Wie sollen sie überleben?

Indien

Rinchen Wangail (38) und Phuntsok Amgmo (37)
mit ihrem Sohn Tsewang Tobjor (1)
Bauern
Nubra-Tal, Ladakh, Indien

Wir haben unser Haus 2006 bei einer Sturzflut verloren. Schon früher hatte es kleinere Fluten gegeben, aber so etwas noch nie. Es goss in Strömen. Zum Glück konnten wir uns in Sicherheit bringen, aber unser Haus wurde zerstört. Und wir mussten hilflos zusehen. Bis vor einigen Jahren war dies ein wunderschönes Tal mit Feldern und Vegetation. Doch seit das Wasser gekommen ist, ist es nicht mehr dasselbe. In den letzten Jahren regnet es im Winter ungewöhnlich viel, und der Schnee produziert viel zu viel Schmelzwasser. Ich habe in meinem Leben schon mehr als drei Überschwemmungen erlebt. Frühere Generationen hatten nie mit derartigen Wasserproblemen zu kämpfen. Ich bin traurig, wenn ich die Stelle besuche, wo einmal mein Haus stand. Bis auf einen Aprikosenbaum ist nichts mehr übrig. Dort, wo wir jetzt leben, haben wir kein eigenes Land und können keine Landwirtschaft betreiben. Das ist sehr traurig für uns. Ich fürchte, in den kommenden Jahren wird eine noch verheerendere Flut kommen, weil sich das Klima immer weiter verändert. Es würde mich nicht wundern, wenn einmal eine Flut käme, die alles zerstört.

Große Teile Ladakhs im indischen Himalaya sind eine Kältewüste. Die Bauern dort bewässern ihre Felder mit Schmelzwasser. Durch steigende Temperaturen haben sich die traditionellen landwirtschaftlichen Zyklen verändert und es kommt immer häufiger zu Sturzfluten.

Indien

Tsering Tundup Chupko (51)
Bauer
Chemday, Ladakh, Indien

Lange Zeit waren wir in diesem Dorf gute Freunde und Nachbarn, doch in der letzten Zeit ist es wegen des Wassermangels häufiger zu Auseinandersetzungen gekommen. Wir machen Veränderungen durch, wie ich sie in meinem Leben noch nicht erlebt habe. Als ich noch ein Kind war, war es im November, Dezember, Januar und Februar extrem kalt, und wir hatten genug Schnee in unserem Tal. Heute gibt es kaum einen Unterschied zwischen Sommer und Winter. Jedes Jahr regnet es weniger, und der Schnee taut früher. Im Sommer schmelzen die Gletscher, und das Wasser überflutet Felder, Bäume, Plantagen und Brücken. Es leben auch mehr Menschen im Tal als früher. Dadurch wird der Wassermangel noch akuter. Alle spüren, dass etwas falschläuft. Das ist nicht gut für uns. Wir verfügen über ein sehr effizientes Wasserverteilungs-System, aber es gibt immer mehr Streit und Verbitterung, wenn es ums Teilen geht. Es gibt eindeutig mehr Konflikte. Vor vielen Jahren sagte ein weiser Mann einmal: »Ohne Wasser gibt es kein Tal.« Ich fürchte, wenn das noch zwanzig Jahre so weitergeht, wird dieses Tal nicht überleben.

Indien

Padma Yangdol (36)
Flutopfer
Phyang, Ladakh, Indien

Wir waren gerade mit dem Bau unseres Hauses fertig, als die Sturzflut kam und alles zerstörte. Es war nachts um halb elf. Meine Familie und ich schliefen. Wir konnten nur in die Berge fliehen und hilflos zuzusehen. Es war so traurig. Unser schönes Dorf war zerstört. Alles Geld, das mein Mann in der Armee verdient hatte, hatten wir in das Haus gesteckt. Wir standen kurz vor dem Einzug. Das war vor drei Jahren. Ich bin noch immer deprimiert. Alles, was unsere Vorfahren mühsam geschaffen hatten, es war weggespült. So etwas hatte ich noch nie erlebt. Und auch meine Eltern und Großeltern nicht. Das ist eine Folge der Klimaveränderung. Die Schnee- und Regenfälle sind nicht mehr so vorhersehbar. Es regnet sehr viel. In unserem Dorf wurde ein neuer Laden gebaut, doch dann kam eine neue Flut und alles war vernichtet. Heute habe ich Angst vor dem Wasser. Wenn ich an diese Nacht zurückdenke, kann ich kaum atmen. Inzwischen lebe ich in einem einfachen Haus weiter oben am Berg.

China

Chai Erquan (65)
Bauer und Schäfer
Hongsheng, Gansu, China

Wir haben oft Sandstürme in dieser Gegend. Manchmal sind sie so schlimm, dass man kaum die Hand vor Augen sehen kann, und dann zerstreuen sich die Schafe in alle Winde. Als ich noch klein war, hat es viel geregnet. Wir hatten keine Wasserreservoire, weil wir sie nicht brauchten. Es hat immer geregnet, es gab überall Wasser und Bäche. Aber heute sind wir auf Bewässerungssysteme angewiesen. Ich habe den Eindruck, dass es immer heißer wird. In den Neunzigerjahren wurde es richtig schlimm. Jetzt kann man hier kaum noch Schafe züchten. In diesem Jahr hat es kaum geregnet. Ich fürchte, wir werden hier schon bald gar kein Wasser mehr haben. Früher mussten die Brunnen nur 30, 40 Meter tief sein, heute bohren wir 300 Meter tief, und das Wasser ist immer noch knapp. Dort wo ich wohne, haben wir kein Trinkwasser mehr. Man muss sich schon sehr anstrengen, um vielleicht eine halbe Tasse zusammenzubekommen.

Die nordchinesische Provinz Gansu leidet seit langem unter der fortschreitenden Wüstenbildung. Der Klimawandel in Form steigender Temperaturen und zunehmender Verdunstungsraten, aber auch der durch die Industrie und steigende Bevölkerungszahlen verursachte zunehmende Wasserbedarf verschärfen das Problem.

China

Wu Chunfeng (58)
Angestellte in einem Mahjong-Salon
Liuzhou, Guangxi, China

Drei Tage und zwei Nächte mussten wir wegen der Überschwemmung oben im Haus ausharren. So lange hat es noch nie gedauert, bis das Wasser wieder gesunken ist. Als ich noch jünger war, hatten wir vielleicht alle zwei Jahre mal eine Überschwemmung, aber bei weitem keine wie diese. In den letzten beiden Jahren hat sich das geändert, wir hatten sie in aufeinanderfolgenden Jahren. Das ist ungewöhnlich. Dieses Mal stieg das Wasser bis zum dritten Stock, normalerweise reichte es nur bis zum ersten oder zweiten. Glücklicherweise hat uns die Regierung rechtzeitig informiert, sodass wir unsere Sachen in Sicherheit bringen konnten.

Ich kenne mich mit dem Klimawandel nicht aus, aber ich weiß, dass unsere Erde wärmer wird. Ich merke, dass es heißer wird und dass es im Juni, Juli und August mehr regnet. Aber ich mache mir deshalb keine Gedanken. Überschwemmungen sind eine Naturerscheinung. Um diese Jahreszeit sind wir immer darauf vorbereitet. Vor sieben oder acht Jahren hat die Regierung einen Damm errichtet. Vorher war die Situation schlechter. Hätte die Regierung den Damm nicht gebaut, wäre das eine furchtbare Katastrophe. Die Regierung und die Gemeinde werden für unseren Schutz sorgen. Sie werden uns informieren, bevor das Wasser kommt. Uns wird nichts passieren.

China

Yang Guorui (33)
Bauer
Huang'an, Gansu, China

Wir möchten in diesem Dorf Landwirtschaft betreiben, doch gibt es nicht genug Wasser und der Sand breitet sich immer mehr aus. Ehrlich gesagt, ich fürchte, die Lage ist aussichtslos. Wir sind vor drei Jahren hierhergezogen, weil wir dort, wo wir früher zu Hause waren, nicht mehr leben konnten. Schon in den Siebziger- und Achtzigerjahren, als ich noch klein war, hat es sehr wenig geregnet und war sehr trocken. Aber das wurde immer schlimmer. Wir können uns eigentlich nicht erklären, warum das so ist. So beschlossen wir, unser Glück hier zu versuchen. Es ist zwar nicht wirklich besser, aber wenigstens haben wir mehr Land, das wir bewirtschaften können. Wir versuchen, die Felder mindestens alle zwanzig, dreißig Tage einmal zu bewässern, aber ohne künstliche Bewässerung werden die Pflanzen eingehen. Wir bauen Sonnenblumen an, weil sie den Sandstürmen am besten standhalten. Doch in diesem Jahr verdorren sie. Es gibt hier oft Sandstürme. Wenn sie besonders heftig sind, hat man das Gefühl, als ob die Dünen wandern würden. Ich mache mir Sorgen, dass die Wüste bis in unser Dorf vordringt. Vom Klimawandel habe ich nicht nur gehört, ich erlebe ihn am eigenen Leib. Er ist dafür verantwortlich, dass dieser Ort in Zukunft wahrscheinlich unbewohnbar sein wird.

China

Yang Gengbao (69) und seine Frau Huang Lianfeng (68),
vor ihrem von der Überschwemmung zerstörten Haus
Ladeninhaber und Überschwemmungsopfer
Hongse, Guangxi, China

Die Regenfälle sind heftiger als früher. Die drei schlimmsten Überschwemmungen, die ich erlebt habe, ereigneten sich in den letzten zwanzig Jahren. Die letzte war die schlimmste nach 1996 und 1988. Das Wasser stieg sehr schnell. Bevor wir irgendetwas wegschaffen konnten, stand es bereits an unserer Türschwelle. Als wir zwei Tage später zurückkehrten, war unser gesamtes Hab und Gut durchweicht oder vom Wasser weggeschwemmt worden. Unser Geschäft ist zerstört, und wir haben keine Einnahmequelle mehr. Das Leben ist härter geworden, aber wir können nichts tun. Wir müssen es eben ertragen. Überschwemmungen wird es immer geben, und selbst wenn sie häufiger kommen, werden wir bleiben. Wir sind seit zehn Jahren hier. Eigentlich leben wir nicht gerne hier, doch wir tun es, um zu überleben. Wir müssen Geld verdienen, damit wir uns etwas zu essen kaufen können. Wo sollten wir sonst hingehen?

Die südchinesischen Täler und Deltas wurden seit jeher immer wieder von Überschwemmungen heimgesucht. In den letzten Jahren haben diese allerdings an Häufigkeit und Intensität zugenommen.

China

Bian Dan (81)
Pferdehirte und ehemaliger Resort-Angestellter
Mengguying, Hebei, China

Meine Familie hat hier 1992 eine Hotelanlage eröffnet. Im ersten Jahr verdiente sie 500 000 Yuan, doch schon bald gingen die Einnahmen zurück, und heute ist das Resort geschlossen. Der Hauptgrund dafür ist, dass es im See kein Wasser mehr gibt. In den ersten Jahren gab es hier Boote und Brücken und man konnte Fische fangen. Heute gibt es das alles nicht mehr, und es kommen kaum noch Touristen.

In meinen Zwanzigern und Dreißigern regnete es oft drei bis fünf Tage lang, heute regnet es meistens nicht länger als eine Stunde. Dieses Jahr haben wir eine Trockenperiode. Die Pflanzen auf den Feldern sind alle verdorrt. Vor zehn Tagen gab es einen Staubsturm. Früher gab es das kaum. Der Sand dringt durch Fenster und Türen ins Haus ein, sodass man selbst drinnen die Augen nicht öffnen kann. Der Sand ist mit Salz und Alkalien aus dem ausgetrockneten See vermischt. Das sieht aus wie ein weißer Sturm.

Auf den Landkarten von Nordchina ist der Anguli-See einer der größten blauen Flecke, doch für den größten Teil der letzten zehn Jahre war aufgrund des Temperaturanstiegs, langer Dürreperioden und des enormen Wasserbedarfs nicht mehr davon übrig als heller Alkalistaub.

Thailand

Wanee Mainuam (60)
Fischerin
Khun Samut, Samutprakarn, Thailand

Ich verdiene nicht mehr so viel, denn das Meer ist so heiß, dass die Fische sterben. Es ist kochend heiß. Eigentlich sollte jetzt die Regenzeit sein, stattdessen ist es ungewöhnlich heiß. Ich fühle mich ganz benommen, wenn ich nach draußen gehe. Früher gab es alle möglichen Lebewesen im Meer, von denen wir leben konnten. Heute ist das Überleben schwieriger. Die Wasserpflanzen sterben ab, und so fehlt den anderen Lebewesen ihr Lebensraum.

Ich hoffe inständig, dass wir einen Schutzwall bekommen, der uns vor den Wellen schützt. Ich musste mit unserem Haus elfmal umziehen, weil die Wellen die Küste zerstört haben. Mein Haus wird durch Stürme immer wieder unbewohnbar, deshalb müssen wir uns eine neue Bleibe suchen. Früher gab es keine Stürme. Nur eine Regenzeit. Ich fürchte, wenn das so weitergeht, wird dieser Ort untergehen. Ich werde wegziehen müssen, aber ich weiß nicht, wohin ich gehen soll, denn ich kann nicht lesen und schreiben und weiß nicht, was außer Fischen ich arbeiten könnte. Ich möchte hier nicht weg. Ich liebe diesen Ort.

Das Fischerdorf Khun Samut führt einen aussichtslosen Kampf gegen die Elemente. Die enorme Hitze richtet die Schalentier-Zuchten zugrunde. Immer heftigere Stürme und der steigende Meeresspiegel beschleunigen die durch einen flussaufwärts gelegenen Damm verursachte Küstenerosion.

Russland

Awetik (50) und Ludmila Nasarian (37)
mit ihrer Tochter Liana (5)
Busfahrer
Jakutsk, Sibirien, Russland

Wir haben Angst, hier zu leben. Das Eis unter unserem Haus schmilzt. Es ist so, als lebte man auf einem schwankenden Schiff. Jedes Jahr senkt sich das Haus mehr ab und wird überschwemmt, sodass wir den Fussboden wieder einige Zentimeter höher legen müssen. Eines Tages werde ich noch durch die Tür kriechen müssen. Unser Haus wurde dadurch beschädigt, dass das Wasser nicht richtig abfließen kann, denn die Straße draußen liegt höher als das Haus. Der Klimawandel belastet uns sehr. Die Sommer werden heißer und die Winter kürzer. Deshalb haben wir mehr Probleme als früher. Wenn es wärmer wird, wird sich mehr Wasser unter unserem Haus ansammeln und der Untergrund wird instabiler. Ich fürchte, irgendwann wird ein Sommer kommen, in dem dieses alte Haus einstürzt.

In Jakutsk, das sich selbst als kälteste Stadt der Welt bezeichnet, steigen die Temperaturen zweimal so schnell wie im globalen Durchschnitt. Die Wissenschaftler sind sich uneins, welche Folgen dies für die 70 Meter dicke Permafrost-Schicht haben wird, auf der die Stadt errichtet ist. Doch die Bewohner alter Holzhäuser auf exponiertem Gelände in der Teilrepublik Sacha (deren Hauptstadt Jakutsk ist) werden Opfer von Überschwemmungen. Ihre Häuser erleiden durch den schmelzenden Permafrost strukturelle Schäden.

Russland

Koschunewa Luisa Arkadjewna (54), vor ihrem teilweise von Schmelzwasser überfluteten Haus
Rentnerin
Namtsi, Republik Sacha, Russland

In den vergangenen drei Jahren waren die Winter wärmer, sodass der Permafrost geschmolzen ist und der See sich so stark ausgedehnt hat, dass das Wasser bis zu unserem Hof reicht. Viele Gebäude stehen jetzt unter Wasser. Der Kuhstall, die Dusche draußen und unser unterirdischer Kühlraum, alles ist überflutet. Das Wetter hat sich stark verändert. Als wir noch Kinder waren, fiel die Temperatur im Winter bis auf minus 63 Grad Celsius. Aber heute ist es viel wärmer. Andere Bewohner unseres Dorfes haben ähnliche Probleme. Auch das Haus meiner 86-jährigen Tante ist von einem See bedroht. Dort, wo sie lebt, stehen viele Häuser unter Wasser. Wir werden bei unserer Kommunalverwaltung ein neues Haus in einem höher gelegenen Gebiet beantragen.

NORDAMERIKA

Kanada

Alaska

Vereinigte Staaten

Kanada

Billy (74) und Eileen (52) Jacobson
Inuvialuit / Jäger und Trapper
Tuktoyaktuk, Nordwest-Territorien, Kanada

Der Arktische Eisschild existiert seit Ewigkeiten, doch jetzt bricht er auseinander. Der Schnee schmilzt schneller, und es ist für uns gefährlicher geworden, uns auf dem immer löchrigeren Eis zu bewegen. In den vergangenen fünf Jahren hat sich in unserem Camp einiges verändert. Die Insekten bleiben länger, es gibt Vögel, die wir zuvor noch nie gesehen haben, die Gänse treten ihre Winterreise früher an, und die Bartrobben kommen weiter ins Land hinein, weil kein Eis mehr da ist, auf dem sie schlafen könnten. Doch die größte Veränderung ist, dass die Zahl der Karibus abnimmt. Außerdem ist ihr Fell nicht mehr so dick wie früher. Das Gleiche gilt für die Füchse und Marder. Deshalb hat sich die Jagdzeit verkürzt. Wenn die Temperaturen weiter steigen, weiß ich nicht, wovon wir leben sollen.

Den Berichten der Inuvialuit-Jäger und anderer Bewohner der kanadischen Nordwest-Territorien zufolge hat das Schmelzen des arktischen Eises spürbare Auswirkungen auf die Fauna und die Küstenerosion.

Kanada

Sandy Adam (55)
Inuvialuit / Walfänger und Jäger
Tuktoyaktuk, Nordwest-Territorien, Kanada

Mein Haus ist in Gefahr. Ich weiß nicht, wie lange es noch standhält – vielleicht zehn Jahre und dann wird es weg sein. Man kann sehen, wie sehr das Land erodiert ist. Früher war das Ufer 1000 Fuß weiter entfernt. Unter uns ist nichts als Permafrost, und es wird alles früher oder später wegschmelzen. Sobald es noch wärmer wird, werden wir versinken. Mein Sohn, der inzwischen in Calgary lebt, hat uns vergangenes Jahr besucht. Ihm fiel auf, dass sich vieles verändert hat, und er sagte: »Meine Güte, es wird nicht mehr lange dauern, und ihr werdet hier im Wasser schwimmen.« Wir werden nach Reindeer Point auf ein höher gelegenes Grundstück umziehen, aber auch dort wird das Land wegerodiert. Es ist überall das Gleiche hier. Es wird wärmer, und der Schnee wird nicht mehr hart. Er ist wie Zucker. In meiner Jugend war es ein Ereignis, wenn wir einen Eisberg sahen. Aber jetzt, wo das Eis auseinanderbricht, sieht man sie immer häufiger.

Kanada

Roy Friis (64)
Seefahrtsexperte und Eislotse
Tuktoyaktuk, Nordwest-Territorien, Kanada

Das Meereis erneuert sich nicht mehr in dem Maße wie noch vor 35 Jahren. Als ich 1977 hierher kam, war das Packeis sage und schreibe 3 Meter dick, überall war die Eisdecke sehr stabil, und die Eiskappe war nicht brüchig. Doch zwanzig Jahre später begann sie im Sommer an den Rändern abzubrechen. Heute ist die Eisdecke nicht einmal mehr 2 Meter dick, und sie bedeckt ein Areal, das um fast 25 Prozent geschrumpft ist – das sind beträchtliche Zahlen. An den Rändern des Packeises bricht immer mehr altes Eis ab und driftet in Gebiete, wo es vorher nie altes Packeis gab. Das macht meine Arbeit natürlich ein wenig schwieriger. Altes Eis ist sehr hart und im Gegensatz zu neuem für Schiffe wirklich gefährlich.

Ich gehe davon aus, dass die Nordwestpassage bald offen sein wird, dennoch würde ich es begrüßen, wenn unsere Leute von der kanadischen Küstenwache allen Seefahrern dieser Welt klarmachen würden, dass es sich hier nicht wirklich um einen offenen Seeweg handelt, den jedes Schiff durchqueren kann. Das bedarf besonderer Vorsicht, denn die Temperaturen werden auch weiterhin unter den Gefrierpunkt sinken. Deshalb sollte kein Schiff die Nordwestpassage ohne Geleitschiff durchfahren.

Das Auseinanderbrechen des Arktischen Eisschildes stellt nicht nur die kanadischen Eislotsen vor Probleme, sondern auch die Jäger und die Menschen in den Küstenorten, deren Häuser durch die Erosion bedroht sind.

Alaska

Margaret Aliurtuq Nickerson (54)
Yup'ik-Eskimo
Newtok, Alaska, Vereinigte Staaten

Ich möchte eigentlich nicht von hier wegziehen, aber wir haben keine andere Wahl, denn wir werden unser Land definitiv verlieren. Man kann dabei zusehen, wie der Permafrost schmilzt. Er reicht weit in die Tiefe, und wenn er das Land nicht mehr tragen kann, bricht er zusammen. Das Wetter verändert sich, aber es wird nicht besser, sondern immer windiger und regnerischer. Unsere Politiker bestreiten das. Was für Ignoranten! Sie sollten einmal hierher kommen und hier leben, um zu sehen, wie es ist. Ob ihnen das gefallen würde? Ich glaube nicht!

Früher lebten wir an einer schmalen Bucht, heute sind wir von Wasser umgeben. Und es wird möglicherweise keine zehn Jahre mehr dauern, bis das hier weggespült ist. Deshalb haben wir Vorkehrungen getroffen. Wir haben uns fünf Standorte ausgesucht, die in Frage kämen. Sollte allerdings Permafrost darunter sein, wollen wir nicht dort leben, weil wir sonst womöglich wieder umziehen müssen. Ich möchte nicht nach Anchorage oder Bethel. Dort würde ich meine Sprache verlieren, meine Kinder würden ihre Sprache verlieren, und außerdem kommt man in größeren Städten leichter mit Drogen und Alkohol in Berührung.

Newtok ist ein Yup'ik-Dorf in Westalaska. In ein paar Jahren wird der kleine Ort durch Erosionen, die durch das Schmelzen des Permafrosts und durch das Anschwellen des Ninglick River verursacht werden, zerstört sein. Die 320 dort lebenden Yup'ik-Eskimos werden in absehbarer Zeit umgesiedelt werden müssen.

Alaska

George Tom (61)
Yup'ik-Eskimo / Jäger
Newtok, Alaska, Vereinigte Staaten

Ich musste mein altes Zuhause verlassen. Der Boden wurde immer weicher und nasser, und unser Haus begann einzusinken. In meiner Jugend war noch alles in Ordnung, doch seit 12, 15 Jahren schmilzt der Permafrost. Manche Leute versuchen, ihre Häuser zu stabilisieren, aber sie sinken immer weiter, sodass man es jedes Frühjahr oder jeden Sommer wieder machen muss.

Alaska

Grant Kashatok (46)
Yup'ik-Eskimo / Schulrektor
Newtok, Alaska, Vereinigte Staaten

Unser Volk lebt hier seit vielen tausend Jahren, das ist das Land, das wir kennen. Doch jetzt ist die Rede davon, dass wir in Städte umgesiedelt werden sollen. Was passiert, ist, dass der Fluss den Permafrost unter Newtok freilegt und den Boden darunter wegfrisst, sodass das Dorf regelrecht ins Wasser fällt. Das schreitet sehr viel schneller voran als in früheren Jahren. Bis vor fünf Jahren stand direkt am Ufer eine Pfahlramme. Dann fiel sie ins Wasser, und heute befindet sie sich 400 Fuß vor der Küste. In unserer Jugend waren die Häuser mit Schnee bedeckt. Man konnte nur noch die Schornsteine sehen, und wir sind von den Dächern heruntergerutscht. Aber das gibt es heute nicht mehr. Die Winter sind einfach zu warm.

Ich glaube nicht, dass man uns umsiedeln kann. Wir wären aus unserer Umgebung herausgerissen. Wenn wir von hier weggehen, sind wir keine Yup'ik mehr. Das heißt wörtlich übersetzt »der wahrhaftige Mensch«. Doch wenn wir von hier weggehen, sind wir nicht mehr wahrhaftig.

Vereinigte Staaten

Scott Sutton (44)
Platzwart des Wild Horse Golfclubs
Las Vegas, Nevada, Vereinigte Staaten

Die Golfplätze in Las Vegas werden vertrocknen. Kein Wasser heißt kein Gras. Und das bedeutet keine Golfplätze, so ist es leider nun mal. Als ich noch ein Kind war, war der See voll, und man konnte so viel wässern, wie man wollte. In den Sechzigerjahren hat mein Vater doch tatsächlich Dichondra gepflanzt, also eine Pflanze, die viel Wasser braucht. Heute würde das niemand mehr tun. Der Seespiegel ist in den letzten zwanzig Jahren, als die Bevölkerungszahlen im Tal explodierten, dramatisch gefallen. Ich glaube, es ist eine Kombination verschiedener Faktoren: weniger Schnee auf der Westseite der Rocky Mountains, weniger Wasser, das in den See fließt, und mehr Menschen, die Wasser aus dem See pumpen.

Die Regierung hat die Gesetze geändert. Auf Golfplätzen sind nicht mehr so viele Rasenflächen erlaubt. Es gibt auch ein Entschädigungsprogramm, mit dem das Entfernen von Rasenflächen gefördert wird. Im Wild Horse Golfclub reduzieren wir unseren Wasserverbrauch, indem wir nicht erforderlichen Rasen gegen Wüstenpflanzen austauschen. Wir haben keine andere Wahl. Ich denke, es geht nur so – oder wir Menschen brauchen einfach alles auf, bis nichts mehr übrig ist.

Das Klima im Südwesten der USA ist trockener geworden. Dies ist vor allem darauf zurückzuführen, dass die Schneedecke in den westlichen Rocky Mountains immer dünner wird. Mit am stärksten betroffen ist Las Vegas. Man unternimmt große Anstrengungen, um Wasser einzusparen, das immer teurer wird. Das Wasserwirtschaftsamt von Südnevada vergütet den Golfclubs jeden Quadratfuß Rasen, der entfernt wird, mit einem Dollar.

Scott
WILDHORSE
GOLF CLUB

Vereinigte Staaten

John Glance (55), auf dem Land hinter seinem Haus, das bei dem verheerenden Waldbrand im September 2009 (Station Fire) zerstört wurde
Musiker
Acton, Kalifornien, Vereinigte Staaten

Das Feuer hat einige Zäune, Masten und Wasserleitungen zerstört. Es griff auf die Ställe über, setzte die Weiden auf beiden Seiten in Brand und kam von einer Seite der Weiden auf uns zu. Wir hatten Glück, dass wir das überlebt haben. Der Wind hat sich glücklicherweise in letzter Sekunde gedreht. Die Brandursache konnte nicht geklärt werden. Brände gibt es in Kalifornien so ziemlich jedes Jahr. Das ist eben so, aber um diese Zeit eigentlich ungewöhnlich. Die Jahreszeiten scheinen sich zu verändern. Die Sommer sind länger und beginnen später. Das Gleiche gilt für die Winter, auch sie scheinen später zu beginnen und länger anzuhalten. Wir befinden uns eindeutig in einer Trockenperiode, das steht fest. Ich kann mir nicht vorstellen, dass nicht irgendetwas los ist. Es scheint allmählich wärmer zu werden, es scheint so, als hätten sich die Jahreszeiten verändert, und anscheinend ist das auch wissenschaftlich erwiesen. Die Menge von uns Menschen und was wir mit unseren Autos machen – ich meine, man muss sich doch bloß einmal die Schnellstraßen in L.A. an einem Montagmorgen anschauen –, das muss doch einfach Folgen haben. Und so ist es überall in Amerika und vermutlich überall auf der Welt.

In den letzten zwanzig bis dreißig Jahren kommt es in Kalifornien immer häufiger zu immer verheerenderen Waldbränden. Eine der Hauptursachen dafür ist die Klimaerwärmung. Dem sogenannten Station Fire, das im Sommer 2009 wochenlang in den San Gabriel Mountains östlich von Los Angeles wütete, fielen rund 135 000 Hektar Land und Hunderte von Gebäuden zum Opfer.

Vereinigte Staaten

Chris Brower (43)
Inhaber eines Bioladens
Silverthorne, Colorado, Vereinigte Staaten

Wir hatten mehrere Jahre hintereinander eine wirklich schlimme Dürrezeit, und die Käfer, die in die Region eingefallen sind, haben alles niedergemacht. Seit Anfang, Mitte der Neunzigerjahre konnte man beobachten, wie sie sich immer stärker vermehrten und jedes Jahr ein bisschen näher kamen. Jetzt überwiegt in unserer Gegend, die früher sehr grün war, das Braun. Wenn die Bäume gesund sind und es nass ist, produzieren sie genug Saft und werden die Käfer im Nu wieder los. Im Moment sind sie dazu nicht in der Lage. Die Käfer überstehen den Winter, weil es nicht kalt wird. In der Zeitung habe ich gelesen, dass in den nächsten fünf Jahren 100 Prozent der großen Nadelwälder in Colorado tot sein werden. Das ist wirklich traurig. Es ist, als ginge in diesem Ort eine Ära zu Ende. Ich spreche oft mit meiner Frau darüber. Der Ort ist nicht mehr so dynamisch, so lebendig wie früher.

In Colorado ist der Befall mit Bergkiefernkäfern ein wachsendes Problem. Große Waldgebiete werden zerstört, weil die Winter nicht mehr kalt genug sind, die Insekten zu töten, und die Abwehrkräfte der Bäume durch die Dürre geschwächt sind.

Vereinigte Staaten

Christie Powell (66), in den Überresten ihres Hauses
Opfer eines Waldbrands
Santa Barbara, Kalifornien, Vereinigte Staaten

Am Morgen nach dem Feuer hatte ich mit einem Schlag mein gesamtes Hab und Gut verloren. Meine Kinder nahmen mich bei sich auf, so hatte ich wenigstens einen Platz zum Schlafen. Es ist wirklich schön, mit den Enkeln zusammen zu sein; doch mitten in der Nacht wachte ich weinend auf - das ist mir noch nie passiert. In einem Jahr gab es hier drei Brände. Das war früher nie so. Es regnet weniger, als wir als normal ansehen. Und ich habe das Gefühl, es ist heißer geworden. Früher waren diese Berge mit Grün durchsetzt, jetzt sind sie braun. Wenn ein gewisser Grad der Trockenheit erreicht ist, genügt ein winziger Funke, dass sich die Sträucher praktisch selbst entzünden, und ich denke, dass es so passiert ist. Das Klima hat sich radikal verändert. Ich denke, wir müssen einen Weg finden, uns nicht unterkriegen zu lassen, und den Tatsachen ins Auge blicken.

SÜDAMERIKA / KARIBIK

Peru

Kuba

Peru

Juliana Pacco Pacco (44)
Lamahirtin
Paru Paru, Peru

Als ich noch ein Kind war, waren diese Berge sehr schön, doch das ändert sich. Jetzt sind sie sehr hässlich. Daran ist bestimmt die Klimaveränderung schuld. Das Wetter ist sehr schlecht. Es regnet und schneit zu Zeiten, in denen man es nicht erwartet. Früher gab es viel Weideland, doch in den letzten Jahren verändert sich alles und die Situation wird immer schwieriger. Die Tiere finden nicht genug Futter und sind anfälliger für Krankheiten. Dadurch sind die Herden kleiner geworden, und die Tiere sind nicht so fett wie früher. Wenn wir zu wenig produzieren, haben unsere Kinder nicht genug zu essen und immer mehr Menschen werden vielleicht wegziehen. Die Kinder werden sich möglicherweise anderswo Arbeit suchen.

In den peruanischen Anden steigen die Temperaturen, die Niederschlags-Muster verändern sich, und einige der höchsten Eisfelder der Welt, darunter der Gletscher auf dem Ausangate, schmelzen einfach weg. Die Kartoffelernte ist so sehr von durch die Hitze verursachten Krankheiten befallen, dass die Einheimischen diese Feldfrucht nun auf höher gelegenem, kühlerem Gelände anbauen. Doch haben sie die Grenze erreicht: Oberhalb ihrer heutigen Felder gibt es nur noch Fels.

Peru

Mariano Gonzalo Condori (48)
Bauer
Pucarumi, Peru

Wir verlieren unsere Gletscher. Sie verwandeln sich in Wasser, und bei uns fällt weniger Schnee. Wenn das so weitergeht, wird uns das Wasser ausgehen, und wie sollen die Menschen dann leben? Das wird eine Hungersnot geben, die Tiere werden verenden, und Landwirtschaft wird kaum noch möglich sein. Kartoffeln wachsen normalerweise in einer Höhe von bis zu 3200 Metern, jetzt können wir sie in 4200 Metern Höhe anbauen und später irgendwann vielleicht sogar noch weiter oben. In meiner Jugend war der Boden sehr fruchtbar, inzwischen bringt er nicht mehr viel hervor. Als es noch schneite, war alles ganz weiß, und der Ausangate, der zweithöchste Berg Perus, sah wunderschön aus. Jetzt fällt immer weniger Schnee, und er ist hässlich geworden. Die Wissenschaftler sagen, dass wir nur noch für 25 Jahre Wasser haben. Wir wissen nicht, was wir tun sollen. Wir machen uns große Sorgen.

Peru

Gomercinda Sutta Illa (54)
mit ihrem Enkel Richar Guerra Sutta (10)
Bauern
Chahuaytire, Peru

Wir machen uns Sorgen, dass wir nicht genug zu essen haben könnten. Der Schnee kam zur falschen Jahreszeit und hat unsere Kartoffelernte vernichtet. Die Bohnen und der Hafer wurden auch in Mitleidenschaft gezogen, aber bei den Kartoffeln ist es am schlimmsten. Die, die den Schnee überlebt haben, blühen zur falschen Zeit. Sie sind krank. Die Ernte wird schlecht ausfallen. Das Wetter ist unberechenbar. Die letzten Jahre waren zu heiß, was sich auf den Boden auswirkt, und der Regen fällt zur falschen Jahreszeit. Ich mache mir Sorgen um meine Kinder. Sie werden viele Probleme haben, wenn sie erwachsen sind.

Kuba

Yusnovil Sosa Martínez (33) mit seiner Frau Antonia González Contino (41) und ihrem Sohn Yosdany Miranda González (10)
Angestellter im Gesundheitswesen
Sanguily, Pinar del Río, Kuba

Wir hatten gerade damit begonnen, die Schäden des ersten Hurrikans zu beseitigen, als bereits der nächste kam. Uns blieb keine Zeit, etwas zu tun. Der erste Hurrikan war unbeschreiblich. Er war schlimmer, als wir erwartet hatten. In unserer Gemeinde gab es bisher nur kleine Hurrikane. Jetzt kommen sie häufiger. Früher hatten wir einen Hurrikan im Jahr, jetzt sind es zwei oder drei. Man muss es selbst miterlebt haben, um zu wissen, wie das ist. Es ist eine totale Katastrophe. Man geht hinaus und sieht etwas, und wenn man später wieder hinausgeht, ist es nicht mehr da, alles ist weg. Die Hurrikane sind heute heftiger, weil die Atmosphäre stärker aufgeladen ist. Wir alle haben zur Erderwärmung beigetragen, und wir müssen versuchen, etwas dagegen zu tun, sonst gibt es noch mehr Katastrophen. Vielleicht werden gar nicht wir die Leidtragenden sein, aber wenn keine Maßnahmen ergriffen werden, werden aller Wahrscheinlichkeit nach unsere Kinder Probleme mit der Erwärmung der Atmosphäre haben.

Die kubanische Provinz Pinar del Río wurde 2008 innerhalb einer Woche von zwei verheerenden Hurrikanen heimgesucht. Hurrikan Gustav zerstörte Tausende von Häusern, Hurrikan Ike brachte Überschwemmungen. Auch wenn einzelne Wetterereignisse nicht unmittelbar dem Klimawandel zugeschrieben werden können, decken sie sich mit den Prognosen der Meteorologen, die extreme Wetterereignisse in zunehmender Häufigkeit und Intensität voraussagen.

Kuba

Estrella Sosa Osorio (40)
Fischerin
Playa del Cajío, Havanna, Kuba

Als der Hurrikan kam, haben wir in einem Schutzraum Zuflucht gesucht. Als wir zurückkamen, stand uns das Wasser bis zur Hüfte und in unserem Haus war unser gesamtes Hab und Gut weggespült worden. Inzwischen sind die Straßen geräumt worden, und alles sieht wieder besser aus. Wir haben eine sehr schlimme Zeit hinter uns. Jetzt gerade haben wir nichts zu trinken, weil der Tankwagen mit dem Wasser noch nicht da ist. Der alte ist beim Hurrikan kaputtgegangen. Auch wenn wir zu Gott beten, glaube ich nicht, dass die Hurrikane aufhören. Es ist nicht normal, dass einer nach dem anderen kommt. Aber das passiert jetzt immer häufiger, und sie werden immer heftiger.

&G
GABBANA

Kuba

Bárbaro Rodríguez Maura (45) mit seiner Frau Yusimi González Contino (33) und ihrer Tochter Yusimari Miranda González (15)
Chauffeur, Lehrerin und Schülerin
Sanguily, Pinar del Río, Kuba

Einen Hurrikan wie diesen hatten wir noch nie erlebt. Der erste brachte viel Wind und hat Häuser zerstört. Der zweite brachte viel Wasser. Wir sind in das sichere Haus meiner Schwester geflüchtet und haben das Ganze vom Fenster aus verfolgt. Es erschien mir wie eine Ewigkeit. Der erste Sturm hat Bäume und Sträucher entwurzelt und Dielen herausgerissen. Nach einer Weile war es für einen Augenblick ruhig, und man meinte schon, es sei vorbei, doch da kamen auch schon die nächsten Sturmwinde. Als der Hurrikan vorbei war und wir im Radio die Entwarnung hörten, sind wir hinausgegangen und sahen die Katastrophe. Viele Häuser waren eingestürzt. Überall lagen Trümmer. Von unserem Haus stand nur noch der hintere Teil. Das Dach hatte es weggerissen. Es lag vermutlich irgendwo weit draußen.

Stürme gab es bei uns zwar auch schon in der Vergangenheit, aber nicht so etwas wie diese Hurrikane. Ich kann mich auch nicht erinnern, dass es in meiner Kindheit so häufig und so stark geregnet hätte. Heute donnert und blitzt es viel stärker. Wenn sich das Klima weiter verändert, es weiterhin mehr regnet und Blitze gleich bei uns einschlagen, weiß ich nicht, was passieren wird.

SEA BREEZE

AUSTRALIEN / OZEANIEN

Australien

Michael Fischer (60)
Milchbauer
Meningie, South Australia, Australien

Ich habe mehr als 38 Jahre gebraucht, um diesen Betrieb aufzubauen. Wir hatten ein sehr gutgehendes Unternehmen mit 600 Kühen. Doch vor 14 Monaten mussten wir die Milchwirtschaft aufgeben – es gab einfach kein Wasser mehr. Wir hatten eine extreme Hitze. Ich war überzeugt, dass der Regen kommen würde und wir dann wieder im Geschäft wären. Aber im Jahr darauf wurde das Wasser wieder knapp und außerdem sehr salzig. Es gab hier einen netten kleinen Golfclub. Der wird schließen müssen. Man müsste das Wasser zurückkaufen, aber man will nicht in den Markt einsteigen und das in großem Stil tun. Das hat mit Politik zu tun und sollte nicht so sein. Das Murray-Darling-Becken wird als der Obstgarten Australiens bezeichnet. Doch davon wird bald nicht viel übrig sein, weil es nicht mehr viel Wasser gibt.

Weite Teile Australiens haben mehr als zehn Jahre unter einer ungewöhnlich extremen Dürre gelitten, welche 2009 zum verheerenden Victoria-Buschfeuer führte und den Landwirten im Murray-Darling-Becken enorme Einbußen bescherte.

Australien

Greg Liney (60)
Winzer und Opfer des Victoria-Buschfeuers von 2009
Healesville, Victoria, Australien

Ich habe geheult. Das können Sie mir glauben. Nachdem ich im Weinberg war und gesehen hatte, was passiert war, kam ich morgens nur noch schwer aus dem Bett. Die Folgen des Feuers waren einfach verheerend. Die Trauben sind von unten her verbrannt. Man kann sehen, wie heiß es war. Die Blätter wurden welk und starben ab. Meine Existenzgrundlage war zerstört. Alles, wofür ich in der Vergangenheit gearbeitet habe, wird nun vielleicht nicht zustandekommen.

Am Tag des Brandes war es nicht nur ein, zwei Grad wärmer als am wärmsten Tag, den wir zuletzt hier hatten, es waren fünf oder sechs Grad. So hohe Temperaturen gab es normalerweise nicht. Da passiert etwas mit dem Wetter. Es verändert sich. Wir hatten zwar auch schon früher Trockenperioden, aber ich glaube, heute kommen noch andere Phänomene hinzu. Ich habe festgestellt, dass bei uns das Klima eindeutig wärmer und trockener wird. Wenn man auf die letzten 250 Jahre zurückblickt, kann ich nicht verstehen, wie man sagen kann, dass nicht wir das verbockt haben. Die Menschen müssen endlich Entscheidungen treffen und zu handeln beginnen. Meine Generation ist zu einem großen Teil verantwortlich für viele der Schäden, die die Welt in der letzten Zeit genommen hat. Und ich denke, unter den Folgen werden meine Kinder und deren Kinder zu leiden haben.

Australien

Ken Butcher (57)
Schafzüchter
Booroorban, New South Wales, Australien

Wir sind heute in einer Situation, in der ich praktisch kein Futter mehr habe. Und wir haben auch so gut wie kein Wasser mehr. Deshalb muss ich den Schafbestand reduzieren. Ich habe keine andere Wahl. Wir haben unsere Rücklagen fast aufgebraucht, und das bedeutet, dass ich mich verschulden muss. Wenn die Trockenheit anhält, können wir die Schulden nicht zurückzahlen. Irgendwann wird der Tag kommen, an dem wir von hier weggehen müssen.

Allem Anschein nach werden die Perioden, in denen es trockener ist als gewöhnlich, immer länger. Ich muss mir Fotos ansehen, um mich selbst daran zu erinnern, wie ein normales Jahr aussieht. Es ist deprimierend, wie alles vertrocknet, wie die Bäume eingehen, die man gepflanzt hat. Einige meiner Nachbarn haben sich zum schlimmsten Schritt entschlossen und sich das Leben genommen. Ich versuche, optimistisch zu bleiben und die Hoffnung nicht aufzugeben, dass sich die Lage wieder bessert.

Nach einer extremen 13-jährigen Dürreperiode kämpfen die Landwirte im Südosten Australiens ums Überleben. Ken Butcher versucht, sich den veränderten Klimaverhältnissen anzupassen, indem er von Merino- auf Dorper-Schafe umstellte, die das Wüstenklima gut vertragen. Dennoch ist er gezwungen gewesen, seinen Bestand von 2000 auf 600 Tiere zu reduzieren. An dem Tag, an dem dieses Porträt entstand, hatte er gerade in der Lokalzeitung weitere 400 Schafe zum Verkauf angeboten.

Australien

Patrick Wolfe (60)
Historiker
Healesville, Victoria, Australien

Ich habe mein Haus durch das Victoria-Buschfeuer von 2009 verloren. An diesem Tag herrschte in Melbourne eine Temperatur von 47,6 Grad Celsius. Das ist die höchste Temperatur, die man seit Beginn der Temperaturaufzeichnungen Anfang des 19. Jahrhunderts in einer australischen Stadt gemessen hat. Daran hatten fraglos auch Blitze ihren Anteil, doch bei normalem Wetter wäre das nicht passiert. Mit Sicherheit hätten sich die Brände nicht so schnell, so vehement und so stark ausgebreitet, wenn die extreme und ungewöhnlich lang andauernde Hitze nicht zu einer so außergewöhnlichen Dürre geführt hätte.

Kiribati

Taibo Tabokai (15)
Teenager
Tebunginako, Abaiang Atoll, Kiribati

Man hat uns gesagt, dass unsere Insel untergehen wird. Und auch unsere Kirche. Ich mache mir darum sehr große Sorgen. Ich möchte das in der Vergangenheit Geschaffene, was unsere Eltern aufgebaut haben, nicht verlieren. Bei einem Sturm wurde der Damm beschädigt und das Meerwasser floss in die Teiche. Ich wünschte, unsere Regierung würde uns helfen, das Dorf zu schützen. Vielleicht können Menschen aus anderen Ländern verhindern, dass dieses Land untergeht. Aber es waren schon Leute da, die uns erklärt haben, dass es keine Hoffnung für uns gibt und dass wir eines Tages alles verlieren werden.

Wie in vielen kleinen Inselstaaten empfinden auch die Bewohner des südpazifischen Kiribati den steigenden Meeresspiegel und die immer häufigeren und heftigeren Stürme als existenzielle Bedrohung. Schon heute nimmt ihnen die Erosion immer mehr von ihrem Land, und ihre Ernten verderben aufgrund der zunehmenden Versalzung der Böden.

groovy chick

Kiribati

Karotu Tekita (54) mit seiner Enkelin Akatitia (1), seiner Tochter Retio Tataua (34) und ihrem Sohn Tioti (11 Monate), seiner Frau Tokanikai Karolu (52) und seiner Enkelin Bwetaa (6)
Familie, deren Heimatdorf im Meer versinkt
Tobikeinano, South Tarawa, Kiribati

Das Meer kommt Jahr für Jahr näher, und die Küste wird weggeschwemmt. 10 Meter meines Landes liegen inzwischen im Meer. Dort stand einmal mein Haus. Als wir in den Achtzigerjahren hier anfingen, gab es viele Kokospalmen. Es war ein angenehmer, friedlicher Ort. Doch inzwischen sind sämtliche Bäume eingegangen, und wir haben nur noch einen schmalen Streifen Land. Die Situation, in der wir leben, ist prekär. Wenn das so weitergeht, werden wir fliehen müssen. Ich glaube, schuld daran sind unsere Brüder und Schwestern dort draußen in der Welt, die mit ihrer Energieverschwendung und ihrer Industrie die Umwelt zerstören und das Klima verändern.

Kiribati

Aata Maroieta (64) mit seiner Frau Atanraoi Toauru (62),
in ihrem durch das Salzwasser zerstörten Palmenhain
Inselbewohner
Tebunginako, Abaiang Atoll, Kiribati

Wir leben in der ständigen Angst, dass eines Tages alle Inseln Kiribatis verschwunden sein werden. Solche Probleme wie heute hatten wir noch nie.

Man hat uns gesagt, wir sollen die Häuser, die uns viel Geld gekostet haben, anderswo wieder aufbauen. Unsere Fischteiche und die Bananenpflanzen haben wir schon verloren. Die Erosion hat den Sand abgetragen, in dem wir früher nach Muscheln gesucht haben. Das Leben ist dadurch für uns härter geworden. Ich habe nicht viel Hoffnung für die Zukunft, wenn nicht irgendetwas geschieht. Vielleicht können wir von irgendwoher Hilfe bekommen, um unsere Umwelt zu schützen, oder man unternimmt etwas anderes, damit es nicht so weitergeht wie in den letzten Jahren. Wir glauben nicht, dass es sich um ein natürliches Phänomen handelt. Es wurde von anderen Menschen verursacht.

RIP CURL

Kiribati

Tutaake Arawatou (59)
Fischer
Tabontebike, Abaiang Atoll, Kiribati

Bis vor kurzem ist noch nie eine Insel untergegangen. Jetzt sind sogar in Abaiang zwei oder drei Inseln praktisch verschwunden. Ich glaube nicht, dass das natürliche Veränderungen sind, denn in den Erzählungen unserer Vorfahren ist von so etwas nie die Rede. Ich glaube, daran sind andere Menschen schuld, wahrscheinlich die Industrieländer. Der Meeresspiegel begann zu steigen, als ich neun oder zehn Jahre alt war. Wenn die Flut heute besonders hoch ist, schwappt das Wasser über die Küste und überschwemmt unsere Tarofelder. Das hat es früher nicht gegeben. 1995 oder 1996 hatten wir einige Springfluten und heftige Stürme, die den Deich zerstört haben. Das Meerwasser ergoss sich ins Sumpfland, und die Taropflanzen - unser Hauptnahrungsmittel -, die wir dort angebaut hatten, wurden zerstört.

Das hat unser Leben drastisch verändert. Früher waren wir eine enge Gemeinschaft. Jeder hatte ein Stück Land, auf dem er Taro anbauen konnte. Jetzt muss sich jeder alleine durchschlagen. Wir müssen Fische fangen, und jeder muss Geld verdienen. Denn weil wir keine Taropflanzen mehr haben, müssen wir jetzt Reis kaufen. Die Vorstellung, dass sich das Klima verändert, macht mir Angst. Wenn das, was da gerade passiert, nicht gestoppt wird, werden unsere Inseln untergehen. Da bin ich mir ganz sicher.

EUROPA

Italien

Spanien

Schweiz

Italien

Antonio Esposito (55), in einem vom Hagelsturm verwüsteten Wassermelonen-Feld
Bauer
Bernalda, Basilicata, Italien

Ich habe gerade meine ganze Wassermelonen-Ernte durch einen Hagelsturm verloren. Wir hatten schon drei oder vier in diesem Jahr. Sie treten jetzt häufiger auf als früher. Erst regnet es nur, und im nächsten Augenblick hagelt es. Und das ist kein gewöhnlicher Hagel. Die Hagelkörner sind nicht rund, sondern kommen wie spitze Steine herunter. Ich bin kein Wissenschaftler, sondern nur ein Bauer, aber wir haben ein Gespür für das Wetter. Vor etwa zehn Jahren begann sich das Klima zu verändern. Die Jahreszeiten sind durcheinandergeraten. In diesem Jahr war der Sommer sehr schnell vorbei. Wir hatten zehn extrem heiße Tage mit etwa 40, 45 Grad Celsius, dann fiel die Temperatur plötzlich um etwa zehn Grad. Dadurch gehen unsere Weintrauben, unsere Pfirsiche, Aprikosen und andere wertvolle Ernten kaputt.

Europa hat mit extremen Wetterereignissen zu kämpfen. So sind die Sommer in Spanien ungewöhnlich heiß, und Italien wird häufig von Hagelstürmen heimgesucht. Den Alpengletschern setzt die Hitze ebenso zu wie den Gletschern im Himalaya und in den Anden.

Italien

Marcello Plati (33)
Rettungsschwimmer
Metaponto, Basilicata, Italien

In den letzten drei Jahren haben sich die Sommertemperaturen extrem verändert. Wir hatten einen Anstieg von 38 auf 46 Grad Celsius. Einige Menschen halten sich nur noch im Haus auf, weil sie fürchten, einen Sonnenbrand oder Flecken auf der Haut zu bekommen, so wie ich. Auch für mich ist die Arbeit bei diesen Temperaturen anstrengend. Ich habe festgestellt, dass die Temperaturen in den letzten zehn Jahren sehr viel schneller steigen und fallen als früher. Dadurch fällt der Frühling praktisch aus.

Verändert hat sich auch der Verlauf der Küste. Im Dezember 2008 hat ein Sturm einen Großteil des Metaponto-Strandes 20 bis 30 Meter ins Meer gespült. Da ich das ganze Jahr über hier lebe, kann ich die Erosion der Küste genau beobachten und bin zu dem Schluss gekommen, dass wir jedes Jahr eineinhalb bis zweieinhalb Meter Strand verlieren.

Spanien

Miguel Angel Casares Camps (46) und Miguel Casares Cortina (76)
Bauern
Moncofar, Valencia, Spanien

Für uns ist der Klimawandel vor allem eines: eine Belastung für unsere Pflanzen, die sich den extremen Temperaturschwankungen, besonders im Sommer, nicht anpassen können. Diese extremen Temperaturen sind seit 10, 15 Jahren zu beobachten. Früher vollzog sich der Übergang von einer Jahreszeit zur nächsten allmählich. Doch jetzt ist es extrem heiß und dann plötzlich extrem kalt. Die Pflanzen haben große Schwierigkeiten sich anzupassen. Erst vor kurzem haben wir etwa 95 Prozent unserer Paprikaernte wegen einer extremen Hitze von bis zu 45 Grad Celsius verloren, die auch den Artischocken schlimm zugesetzt hat. Auch die Niederschläge verteilen sich nicht mehr gleichmäßig. Früher konnte es vorkommen, dass es drei, vier Tage nonstop regnete. Heute fällt die gleiche Regenmenge in 45 Minuten, und das führt zu Erosionen. Die Kosten sind kaum mehr zu tragen. Wenn das so bleibt, werden wir unseren Lebensstil radikal ändern müssen.

Spanien

Angel Oliveros Zafra (49)
Bauer
Villanueva de Alcarrete, La Mancha, Spanien

Dass sich das Klima verändert, erkenne ich am Regenmangel und den späten Frösten, die unsere Ernte ruinieren und uns großen finanziellen Schaden zufügen. In diesem Jahr habe ich etwa 80 bis 90 Prozent meiner Getreideernte verloren. Jetzt bleiben nur noch die Trauben, und auch davon könnten wir 40 Prozent einbüßen. Die Regenzyklen sind anders geworden. Früher endete der Winter ungefähr im Februar, der April brachte etwas Regen, und dann begann der Frühling, und da regnete es auch. Es regnete ungefähr alle zwei Wochen oder so. Jetzt regnet es manchmal drei, vier, fünf, sechs Monate lang überhaupt nicht. Früher hatten wir im April keine Fröste mehr. Jetzt fallen die Nachttemperaturen, sobald sich die ersten Knospen zeigen, sie erfrieren, und die Ernte ist verloren. Früher brachte ein Hektar bis zu 3000 Kilogramm Gerste, ohne dass wir düngen mussten. Alles was nötig war, war Regen und dass man gewisse Arbeiten ausführte. In den letzten zehn Jahren waren es nicht einmal 1500 Kilogramm pro Hektar, und das obwohl wir Maschinen, Dünger und Pflanzenschutzmittel eingesetzt haben. Woran das liegt? Am Klima.

Wenn das so weitergeht, werden noch mehr Quellen austrocknen und das Wasser wird noch knapper werden. Nach und nach wird das hier zur Wüste, und der Klimawandel wird dafür sorgen, dass keine einzige Pflanze mehr wachsen kann. Ich hoffe zwar, dass bis dahin noch viele Jahre ins Land gehen, doch zurzeit ist die Entwicklung noch gar nicht absehbar.

Spanien

Miguel A. Torres (68)
Besitzer des Weinbau-Unternehmens Miguel Torres
Vilafranca del Penedès, Barcelona, Spanien

Aus unseren Aufzeichnungen wissen wir, dass die Durchschnitts-temperatur in unseren Weinbergen in den letzten 40 Jahren um ein Grad Celsius gestiegen ist. Durch die Hitze verändert sich die Beschaffenheit der Trauben, weshalb wir Maßnahmen ergreifen müssen. Die Rebstöcke, die wir früher am Meer pflanzten, pflanzen wir jetzt in höheren Lagen des Vall Central. Und die Rebstöcke, die wir früher im Vall Central kultivierten, wurden in die Bergregion verpflanzt. Für innovative Unternehmen, die bereit sind, etwas zu verändern, kann der Klimawandel auch eine Chance sein. Unsere Branche ist stärker betroffen als andere, deshalb müssen wir versuchen, etwas zu verändern.

Schweiz

Christian Kaufmann (48)
Schäfer
Grindelwald, Schweiz

Die Berghütte, die mein Großvater in der Nähe des Gletschers errichtet hatte, ist vor drei Jahren den Hang herabgerutscht, weil so viel Eis geschmolzen ist. Der Gletscher hat in den vergangenen 25 Jahren mindestens 80 Prozent seines Volumens verloren. Das ist enorm. Als mein Großvater die Hütte in den Vierzigerjahren eröffnete, stand sie etwa auf derselben Höhe wie die Oberfläche des Gletschers. Doch als er zu schrumpfen begann, wurde die Moräne instabil und rutschte Stück für Stück ab. Es war beängstigend. Auf einmal konnte man sehen, wie sich der Boden neben dem Haus auftat, und dann stürzte alles ab. Man kann noch sehen, wo das Eis war. Das sollte uns bewusst machen, dass hier etwas nicht mehr stimmt.

Schweiz

Johann Kaufmann (36)
Bergführer
Grindelwald, Schweiz

Ich habe meine ganze Kindheit hier verbracht, aber es hat sich viel verändert. Das ist eine Tatsache. Die einschneidendste Veränderung ist der Rückgang der Gletscher. Der Obere Grindelwaldgletscher war einer der berühmtesten Gletscher Europas, weil er sich bis ins Tal erstreckte, bis zum Waldgebiet auf 1400 Metern. Doch ist er auf dem Rückzug und hat sich auch aus der engen Schlucht zurückgezogen. Hier sieht es nun völlig anders aus. Darüber hinaus schmilzt auch der Schnee in höheren Lagen über 3000 Meter. Das war in den Achtzigerjahren, als ich mit dem Bergsteigen begann, noch nicht der Fall. Und dazu kommen dann noch die heftigen lokalen Wolkenbrüche. Das ist auch etwas, das es früher nicht gab. Es ist schwer zu sagen, welche Auswirkungen das einmal haben wird, aber wir werden lernen müssen, damit umzugehen.

Der Obere Grindelwaldgletscher ist einer der berühmtesten Gletscher Europas, weil er sich früher einmal bis hinunter ins Tal erstreckte. Seit 1987 ist er aufgrund der heißen Sommer allerdings auf dem Rückzug. Auch die Eisfelder der Eigernordwand sind weniger stabil, deshalb ist für Bergsteiger die Steinschlag-Gefahr im Sommer größer geworden.

SPORTS
grindelwald
ports.ch

AFRIKA

Mali

Tschad

Mali

Dogna Fofana (66)
Jäger und Bauer
Dioumara, Mali

Wir werden alle sterben, zuerst die Tiere und dann die Menschen. Das Sumpfland ist völlig ausgetrocknet, das ist das Problem. Der Grund dafür ist, dass sich die Wüste immer mehr ausbreitet. Früher gab es überall Wasser. Wir haben im Sumpfland sogar Fische gefangen. Da gab es Krokodile, da gab es einfach alles. Der Bole-Fluss hat immer viel Wasser geführt, heute ist er ausgetrocknet. Die Kühe finden nicht genug Futter. Ich habe schon so viele Tiere verloren. Was sich verändert hat, sind die Regenzeiten. Früher kam der Regen im Mai und Juni, und er brachte ausreichend Niederschlag. Jetzt müssen wir bis Juli, August warten, und dann fällt noch nicht einmal genug Regen. Kaum hat es zu regnen begonnen, hört es auch schon wieder auf. Alles hängt zusammen. Auch der Wind ist heute heißer und heftiger als früher. Ich und die anderen Alten glauben, dass für all das der Mensch verantwortlich ist.

Die Dürre im Tschad und in Mali ist lebensbedrohlich. Die Hirten am Tschadsee verlieren ihr Vieh, weil der See schrumpft und immer mehr verseucht. Die Bozo-Fischer am Niger beklagen, dass sie den Fluss nicht mehr mit ihren Booten befahren können, weil er so wenig Wasser führt. Bei Timbuktu kommt die Wüste den Siedlungen immer näher.

Mali

Gouro Modi (36) mit seinem Sohn Dao (6)
Kuhhirte
Korientzé, Mali

Wir sind erschöpft, sehr erschöpft, weil sich das Klima verändert hat. Unsere Häuser sind weit weg von hier. Wir haben sie verlassen, weil es nicht genug Regen gab. Wir folgen den Weidegründen. Wir gehen dorthin, wo es genug Wasser gibt. Früher hat es viel geregnet, jetzt ist das nicht mehr so. Als ich noch ein Kind war, hatten die Tiere genug zu fressen, die Menschen hatten genug zu essen, und alles war gut. Doch jetzt hat sich alles sehr verändert, und das macht mir Angst. Alle Züchter und Hirten haben Angst. Wenn es kein Wasser gibt, werden wir danach graben müssen, damit die Kühe etwas zu trinken haben. Wir hoffen, dass das Wasser nicht so bald ganz verschwindet. Wir beten um Wasser, damit die Tiere etwas zu fressen finden.

Mali

Haawo Mahamman (53)
Leiterin der Frauenkooperative
Toya, Mali

Was mir im Leben am meisten Angst macht, sind der Wassermangel und die Ausbreitung der Wüste. Früher hat es viel geregnet, und wir hatten keine Probleme. Jetzt regnet es überhaupt nicht mehr, und dadurch breitet sich der Sand sehr schnell aus. Früher konnte man nicht zu Fuß durch diesen Fluss gehen. Heute hat der Sand den Fluss verschlungen, und man braucht kein Boot mehr, um auf die andere Seite zu gelangen. Vor ein paar Monaten mussten wir unsere Gemüsegärten an einen anderen Platz verlegen, weil sie vom Sand verschluckt wurden. Alle Papayas, die wir gepflanzt hatten, hat er unter sich begraben, und jetzt fürchten wir, dass das auch mit unseren Häusern passieren wird. Wir haben alles Mögliche versucht, aber nichts hat wirklich geholfen, weil überall nur noch Sand ist und das Wasser im Niger sinkt und sinkt. Das macht mir furchtbare Angst. Am Ende bedeutet das den Tod.

Mali

Mama Saranyro (59)
Nomade vom Stamm der Bozo / Fischer
Salamandaga, Korientzé-See, Mali

Der Wassermangel ist schuld an unserer Krise. Die Bozo sind seit jeher Nomaden, die vom Fischfang leben. Dazu benutzen wir Boote. Doch jetzt gibt es weder genug Wasser noch genug Fische. Unsere Boote stecken im ausgetrockneten Fluss fest. Seit 2003 fallen die Wasserpegel, weil es zu wenig regnet. Früher hätten wir nicht hier sitzen können, weil hier überall Wasser war. Nun ist es weg. Wir haben versucht, im Kollektiv zu fischen und ein paar Flussabschnitte zum Fischen und für die Fischzucht zu retten, aber der Fischfang bringt hier nichts mehr ein. Wenn das in den nächsten zehn Jahren so bleibt und wir keine Hilfe bekommen, um unsere Lebensweise zu verändern, wird es uns sehr schlecht ergehen.

Mali

Makan Diarisso Congo (54)
Bauer
Bema, Mali

Ich habe diesen Ort immer geliebt. Doch vor kurzem hat er sich sehr verändert, denn wir haben nicht mehr genug Wasser. Deshalb mache ich mir jetzt oft Gedanken über die Zukunft.

Das Wetter hat sich ziemlich verändert. Früher hat es zwanzigmal so viel geregnet. Heute müssen wir nach dem Wasser graben. Das war nicht so, als ich noch ein Kind war. Damals hat es viel geregnet, und wir hatten gutes Sumpfland. Die Menschen und die Kühe hatten das ganze Jahr Wasser zum Trinken. Die Bäume haben den Sand zurückgehalten. Doch jetzt gibt es keine Bäume mehr. Die Wüste, die immer näher kommt, hat schon die Wasserstelle erreicht, und der Wasserpegel ist nach und nach gesunken. Sieben Monate im Jahr haben wir nicht genug Wasser für uns und unsere Kühe. Deshalb steht unser Dorf vor großen Problemen.

Mali

Ahmad ag Abdoulahy (67)
Tuareg / Hirte
Tirikene, Timbuktu, Mali

Das ist nicht mehr die Welt, die ich einmal kannte. Alles hat sich verändert. Früher war die Welt, die Natur, die Tiere schöner als heute. Das Klima hat sich ziemlich verändert. Wir bekommen nur ein Drittel des Regens von früher. Früher war zwei, drei Wochen nach dem ersten Regen genug Gras für die Tiere da. Jetzt regnet es manchmal jahrelang überhaupt nicht, und selbst wenn es regnet, haben die Tiere die Saat schon weggefressen, bevor die Pflanzen wachsen können. Ich mache mir Sorgen um meine Familie und meine Enkel. Wenn es nicht genug Gras gibt, gibt es auch nicht genug Milch. Und ohne Milch haben wir nicht genug Nahrung.

Ich beginne ein neues Leben. Früher habe ich gleich nach dem Aufstehen meinen Stock genommen und meine Tiere auf die Weide gebracht. Das war alles, was ich gelernt hatte. Die Arbeiten, die ich heute mache, habe ich zum größten Teil nicht wirklich gelernt. Ich werde in Zukunft wohl ein modernes Leben führen müssen, mit Schulen, Baustellen und einer Arbeit als Tagelöhner. Ich bete Tag und Nacht, dass diese entsetzliche Dürre ein Ende hat, dieser Regenmangel und diese furchtbare Hitze. Und dass wir wieder so leben und so sein können wie früher.

Mali

Soumbou Bary (25)
Angehörige des Volkes der Peul
Ngnamerourè, Mali

Ich mache mir große Sorgen, weil ich nichts mehr zu essen für meine Kinder habe. Weder meine Familie noch ich haben die Möglichkeit, etwas zu unternehmen. Das macht mir Angst. Ich denke, diese Veränderungen haben damit zu tun, dass das Wasser und der Regen nicht mehr so kommen wie früher. Wir haben nichts mehr zu essen, und es ist sehr heiß. Das hat schon vor mindestens zehn Jahren begonnen. Und selbst wenn es jetzt einmal regnet, ist es nicht genug. Das Wetter hat sich sehr verändert.

Und was dann kommt ist der Tod. Als ich noch ein Kind war, war es anders. Damals war das Wetter sehr gut. Es hat genug geregnet, den Tieren ging es sehr gut, und alle hatten genug zu essen. Doch das Wetter ist nicht mehr so wie früher, und wir haben gar nichts mehr zu essen, nicht für uns und auch nicht für unser Vieh. Und wir können nichts dagegen tun. Wir sind wirklich verzweifelt.

Mali

Maimou Toumani (40)
Bozo / Vorsitzende der Frauenkooperative
Koriomé, Mali

Wir leben am Ufer des Niger. Früher mussten wir uns, wenn das Wasser stieg, sieben Kilometer weit vom Fluss entfernen. Heute führt der Fluss nicht mehr so viel Wasser. Früher hätten wir nicht hier sitzen können. Als ich noch ein Kind war, haben wir hier Fische gefangen. Schon nach ein paar Stunden konnten wir wieder nach Hause gehen. Das Wetter war schön. Aber das hat sich sehr verändert. Es regnet nicht mehr so viel wie früher. Wir haben nicht mehr so viel zu essen wie früher. Wenn wir früher zwei Kilo aßen, ist es heute nur noch eines. Mein Mann ist ein Bozo-Fischer, aber es gibt keine Fische mehr. Deshalb müssen wir Gemüse anbauen. Mit einem Mikrokredit als Startkapital haben wir Frauen eine Kooperative gegründet. Die Gemüsegärten haben uns ernährt. Doch haben wir den Gemüseanbau aufgegeben, weil es in den letzten Jahren immer heißer wurde und weil es nicht genug Wasser gibt. Wir haben Bewässerungsgräben angelegt und einen Brunnen gegraben, doch dies ist eine sehr, sehr schwere Arbeit. Was wir früher an einem Tag geerntet oder gefangen haben, ernten oder fangen wir heute in einem Jahr. Das raubt uns die letzte Kraft.

Ich hoffe, dass es nicht so weitergeht mit dieser Klimaveränderung. Wenn die Hitze noch schlimmer wird und die Strapazen noch größer werden, werden wir alle zugrundegehen, wird das ganze Dorf aussterben.

Tschad

Fatama Djapraul Mousa (25) mit ihren Kindern
Ruca (7 Monate), Koundoum (7) und Omer (3)
Bäuerin
Karala, Tschad

Drei meiner sechs Kinder sind an einer Durchfallerkrankung gestorben. Das erste war sieben, das zweite sechs und das dritte drei Monate alt. Das ist sehr schlimm für mich. Wenn es zu heiß ist und kein Wasser mehr gibt, können die Bauern nicht mehr genug Nahrungsmittel produzieren. Deshalb hatte ich diese Probleme mit meinen drei Babys, die gestorben sind. Sie sind gestorben, weil das Wasser schlecht ist. Auch die Kinder unserer Nachbarn haben Probleme. Sie sind so krank geworden, dass man sie ins Krankenhaus bringen musste.

Früher war das Wasser einwandfrei. Man konnte es jederzeit problemlos trinken. Doch in den letzten sechs Jahren kommt die Regenzeit viel zu spät, und das ist sehr schlecht für uns. In meiner Jugend waren es nur fünf Kilometer bis zum See. Heute muss man mehr als 15 Kilometer gehen. Das Wasser hier ist verschmutzt. Es ist irgendetwas darin, was die Kinder krank macht. Es ist viel zu heiß, um sich hier aufzuhalten. Jetzt ist auch meine kleine Tochter krank geworden. Das kommt von der Hitze. Manchmal leidet sie unter Durchfall und bekommt Hautausschläge von der Sonne. Als ich jung war, ging es uns allen gut. Aber jetzt hat sich das Wetter und dadurch auch unser Leben komplett verändert.

Durch den Rückgang der Regenmenge ist der Wassermangel im Tschad zu einem ernsthaften Problem geworden. Die Menschen trinken aus jeder Wasserquelle, die sie finden können, auch wenn die Wasserqualität manchmal sehr schlecht ist.

Tschad

Hassin Abakar Khoraj (69)
Bauer und Dorfältester
Alibeit, Tschad

Das Leben ist nicht mehr so wie in meiner Jugend. In den letzten zwanzig Jahren hat sich alles verändert. Es ist jetzt viel zu heiß. Unsere Kinder werden krank und sterben. Sie bekommen Durchfall und Blasen auf der Haut. Früher dauerte die Regenzeit von Juni bis September. Jetzt regnet es nur noch im Juli und August. Wegen seines vielen Wassers nannte man unser Dorf früher »Al Obir«, was so viel bedeutet wie »etwas Weißes«. Doch heute haben wir nicht mehr genug Wasser und nicht mehr genug zu essen für unsere Kinder.

Die meisten Dorfbewohner sind weggezogen. Hier im Dorf leben nur noch 75 Leute, 200 sind weggegangen. Wenn sich das Wetter nicht ändert, werden noch mehr Menschen gehen.

Tschad

Abakar Maydocou Mahamat (59)
Bauer und ehemaliger Fischer
Maydocou, Tschadsee, Tschad

Ich habe zwei Frauen und zehn Kinder. Doch kann ich sie nicht richtig versorgen. Es gibt keine Fische mehr. Es gibt kein Wasser. Die Regenzeit kommt erst spät, und wir können nicht auf den Feldern arbeiten. Von hier braucht man drei Stunden bis zum See. Früher war es nur eine. Deshalb arbeite ich nicht mehr als Fischer und bin Bauer geworden. Aber auch als Bauer zu arbeiten ist heute schwer. Es gibt kein Gras mehr für die Kühe. Das Trinkwasser hier ist sehr schlecht. Man kann daran sterben. Alles hat sich verändert. Wir sind es leid, unter solchen Umständen leben zu müssen, aber wir wissen nicht, wo wir sonst hingegen sollten. Wir können nur hoffen, dass die Zukunft unserer Kinder besser sein wird, dass sie hier ein besseres Leben haben werden.

Tschad

Abdallay Abdou Hassin (54)
Kuhhirte
Mayara, Tschadsee, Tschad

Ich glaube, das ist das Ende der Welt. Bis vor 15, 20 Jahren hatten wir ein gutes Leben. Die Regenzeit kam, und das Land war gut. Doch seitdem hat sich die Lage mehr und mehr verschlechtert. Es regnet nicht genug. Ich habe mein Dorf verlassen, weil es nicht genug Wasser gab. Ich bin hierher gekommen, weil dieser Ort nahe am See liegt. Aber die Kühe werden krank. In den letzten Jahren hat es nicht genug geregnet, und die Wasserqualität ist schlecht. Früher hatte ich 30 Kühe, doch 15 sind wegen dieser Probleme verendet. Als ich noch ein Kind war, waren wir glücklich. Wir hatten viel Milch, sauberes Wasser und gute Lebensmittel. Die Bäume waren schön grün – nicht so wie heute. Jetzt ist das Leben hier wirklich schlimm. Alles hat sich verändert.

Mathias Braschler wurde 1969 im Aargau geboren. Er studierte zwei Jahre Geografie und Moderne Geschichte an der Universität Zürich, bevor er 1994 als Autodidakt seine Karriere in der Fotografie begann. In der Schweiz war er für verschiedene Magazine und Zeitungen tätig, bevor er 1998 nach New York zog, um sein erstes Buch, *Madison Avenue* (1999), zu realisieren. Während der nächsten Jahre lebte und arbeitete er in New York.

Monika Fischer wurde 1971 im St. Galler Rheintal geboren. Bereits während ihres Studiums der Romanistik und Germanistik an der Universität Zürich nahm sie ihre Tätigkeit als Dramaturgie- und Regieassistentin am Opernhaus Zürich auf. Mehrere Jahre lang arbeitete sie mit bedeutenden Regisseuren zusammen. Neben der erfolgreichen Kooperation mit Mathias Braschler absolvierte Monika Fischer von 2003 bis 2005 ein Nachdiplom-Studium in Szenografie an der Hochschule für Kunst in Zürich.

2003 begann die enge Zusammenarbeit von **Mathias Braschler und Monika Fischer** als Fotografenteam anlässlich eines Porträt-Projekts, das die beiden kreuz und quer durch die Vereinigten Staaten führte und 2007 unter dem Titel *About Americans* publiziert wurde.

In den Jahren 2005/06 arbeiteten sie am Projekt *Faces of Football:* Mit der ideellen Unterstützung der FIFA fotografierten sie dreißig Fußballstars unmittelbar nach einem wichtigen Spiel. Ein Jahr vor Beginn der Olympischen Spiele in Peking 2008 traten Mathias Braschler und Monika Fischer 2007 eine siebenmonatige abenteuerliche Reise durch ganz China an. Auf ihrem 30 000 Kilometer langen Roadtrip schossen sie Porträts von Chinesen der verschiedensten sozialen Schichten an zahlreichen Orten dieser immensen und gegensätzlichen Nation. Im Jahr 2009 realisierten sie eine vielbeachtete Fotoserie über Menschen, die direkt vom Klimawandel betroffen sind.

Die Arbeiten von Braschler & Fischer sind mehrfach preisgekrönt worden, unter anderem mit einem World Press Photo Award und einem ADC Bronze Award in Deutschland. Ihre Fotoprojekte wurden in zahllosen internationalen Magazinen publiziert, erscheinen als Fotobücher und werden in Galerien und Museen in Europa, Asien und den USA ausgestellt.

Heute leben und arbeiten Mathias Braschler und Monika Fischer in Zürich und in New York, wo sie von Vaughan Hannigan repräsentiert werden.

Danksagung

Dieses arbeits- und reiseintensive Projekt wäre ohne die Unterstützung zahlloser Einzelpersonen und Organisationen nicht möglich gewesen.

An erster Stelle möchten wir Jonathan Watts danken – dafür, dass er auf unseren Reisen in Thailand, Sibirien und China ein so wundervoller Begleiter war, dass er bereit war, viele hundert Seiten transkribierter Interviews durchzusehen, und für die Texte, die er für dieses Buch verfasst hat.

Unser besonderer Dank gilt dem Global Humanitarian Forum, der von Kofi Annan ins Leben gerufenen gemeinnützigen internationalen Organisation mit Sitz in Genf, und hier insbesondere Walter Fust und Martin Frick. Besonders danken wir auch der Volkart-Stiftung mit Judith Forster, Andreas Reinhart und Marc Reinhart. Ohne ihre ideelle und finanzielle Unterstützung wären wir nicht in der Lage gewesen, unser Projekt in einem so globalen Umfang zu realisieren.

Unser Dank geht auch an Jenny Clad und Roy Neel. Die Zusammenarbeit mit dem Climate Project von Al Gore war eine große Bereicherung.

Tausend Dank an Paul Merki und die Light + Byte AG, die uns gesponsert haben, indem sie uns ermöglichten, unsere Negative kostenlos zu scannen.

Unserer Zürcher Assistentin Lea Meienberg sind wir für unzählige Arbeitsstunden zu großem Dank verpflichtet.

Viele tausend Minuten auf Video festgehaltener Interviews zu transkribieren und zu übersetzen war eine enorme Herausforderung. Hierfür gebührt Ignacio de las Cuevas, Anna Zongollowicz und Marlyne Sahakian unsere größte Anerkennung.

Unter den zahlreichen Fluggesellschaften, mit denen wir zu unseren Zielorten gereist sind, haben sich Singapore Airlines und Emirates durch besondere Hilfsbereitschaft und Großzügigkeit ausgezeichnet, wenn es darum ging, komplizierte Flugverbindungen zu buchen und unsere schwere Ausrüstung zu transportieren.

Unser Dank gilt zudem den folgenden Personen und Organisationen, die uns mit ihrem wissenschaftlichen Know-how und praktischen Informationen zu einzelnen Länder wertvolle Hilfe geleistet haben: Hans Herren vom Millennium Institute; Mim Lowe, TCP Australia; Sean Lee, Mt. Real in Healesville; Emeretta Cross, Norman Cross, Emil Schutz und dem ehemaligen Präsidenten Teburoro Tito in Kiribati; Alejandro Argumedo, Katrina Quisumbing King und Kike von der Asociación Andes in Cuzco, Peru; Mohon Kumar Mondal von LEDARS, M. Anisul Islam und Tapas Ranjan Chakraborty vom CNRS, Masood Hasan Siddiqui und Mohammed Manjur Hossain vom SDRC in Bangladesch; Gernot Laganda, Regional Technical Advisor Climate Change, Angus Mackay und Doungjun Roongruang (alias Moon), UNDP Thailand; Ravi Agarwal, TCP Indien, Caroline Borchard, UNDP Indien, Chewang Norphel (the Ice Man), Leh Nutrition Project, Padma Tashi, Rural Development & You, und Tenzin Wangdus in Ladakh, Indien; Dr. Michail N. Grigorjew, Permafrost Institute Jakutsk, Sascha, die uns in Sibirien als Dolmetscherin für Russisch und Jakutisch begleitet hat; Barbara Lüthi und Tomas Etzler sowie Jonathans Assistentin Tori in China; Arturo Caponero, ALSIA – Area Sviluppo Agricolo, Legambiente, Bartolomeo Dichio, Dipartimento di Scienze dei Sistemi Colturali, Forestali e dell'Ambiente, Università degli Studi della Basilicata, und Emanuele Scalcione, Servizio Agrometeorologico Lucano, Basilicata, Italien; Miguel Torres, Spanien; Johann Kaufmann, Grindelwald Sports, sowie Christian und Pablo Kaufmann, die uns geholfen haben, mehrere Dutzend Kilo Equipment zum schwindenden Unteren Grindelwaldgletscher hinaufzutransportieren; Sonia Rolley im Tschad; Mahmoud Diallo, unserem engagierten Fahrer und Dolmetscher in Mali, Moussa Dagnon, Wald- und Umwelthüter am Korientzé-See, Esther Amberg und Franck Merceron von Helvetas, Mali; Ed Pilkington, Autor des *Guardian,* und Grant Kashatok, Schulrektor, Newtok; Doug Bennett, Conservation Manager of the Southern Nevada Water Authority, Las Vegas, Vereinigte Staaten; Silvia Rodriguez sowie Yusnovil und Mauricio Alonso in Havanna, Kuba; Sarah Lustenberger, Emirates Zürich; Wilson Favre-Delerue vom Global Humanitarian Forum, Genf; Fiorenza, Simon, Letisha und Sean, die sich um Gobi und Taishan gekümmert haben; Reto Knutti, Professor am Institut für Atmosphäre und Klima, ETH Zürich; und vielen anderen, insbesondere den zahllosen Wissenschaftlern, deren Publikationen für unsere Recherchen zu diesem Projekt ganz wesentlich waren.

Wie schon so oft waren *Der Stern, The Guardian Magazine* und *Vanity Fair Italia* die Ersten, die an unsere Ideen geglaubt haben, und auch dieses Mal waren sie fabelhafte Partner. Wir danken Andrea Gothe, Kate Edwards, Marco Finazzi und Daniele Bresciani.

Für uns ist es eine große Ehre, dass man uns aufgrund dieser Arbeit für die Hall of Fame der amerikanischen *Vanity Fair* nominiert hat. Herzlichen Dank, Susan White und David Friend!

Vielen Dank auch an Peter Zimmermann – für seine in das Layout dieses Buches eingeflossene Kreativität und Erfahrung wie auch für viele Stunden wunderbaren und produktiven Gedankenaustausches. Ein besonderer Dank geht an das Team des Hatje Cantz Verlags, vor allem an Markus Hartmann, Tas Skorupa, Barbara Holle, Joann Skrypzak, Uta Hasekamp und Ines Sutter.

Was wären wir ohne die unschätzbare Unterstützung unserer Eltern? Nur Elisabeth und Alex Fischer und Heidi und Alex Braschler haben wir es zu verdanken, dass wir für unsere Leidenschaften und Ideen leben, arbeiten und reisen können. Wir schätzen uns sehr glücklich, die besten aller Familien und so gute Freunde um uns zu wissen.

Den größten Dank schulden wir jedoch den vielen Menschen, die wir porträtiert haben. Sie haben uns ihre Häuser und ihre Herzen geöffnet, um uns Einblick in ihr Leben zu gewähren und uns von ihren Erfahrungen zu berichten.

Mathias Braschler & Monika Fischer

Dieses Projekt wurde unterstützt von der Volkart Stiftung und der Swiss Re.

Swiss Re

Lektorat: Uta Hasekamp
Übersetzung: Barbara Holle
Grafische Gestaltung und Satz: Peter Zimmermann
Herstellung: Ines Sutter, Hatje Cantz
Schrift: Univers und Courier
Reproduktionen: Repromayer GmbH, Reutlingen
Druck: appl druck GmbH & Co. KG, Wemding
Papier: Condat matt Périgord, 150 g/m²
Buchbinderei: Conzella Verlagsbuchbinderei, Urban Meister GmbH, Aschheim-Dornach

Erschienen im
Hatje Cantz Verlag
Zeppelinstraße 32
73760 Ostfildern
Tel. +49 711 4405-200
Fax +49 711 4405-220
www.hatjecantz.de

ISBN 978-3-7757-2806-5 (Deutsch)
ISBN 978-3-7757-2807-2 (Englisch)

Printed in Germany

Umschlagabbildung: Mama Saranyo (59), Nomade vom Stamm der Bozo / Fischer, Salamandaga, Korientzé-See, Mali (siehe S. 124/125)